U0168510

香料

在丝绸的路上浮香

许晖 著

广西师范大学出版社
·桂林·

图书在版编目(CIP)数据

香料在丝绸的路上浮香/许晖著.—桂林:广西师范大学出版社,2023.3(2024.1 重印)
ISBN 978-7-5598-5773-6

Ⅰ.①香…　Ⅱ.①许…　Ⅲ.①香料-文化史-世界
Ⅳ.①TQ65-05

中国版本图书馆 CIP 数据核字(2023)第 015478 号

香料在丝绸的路上浮香
XIANGLIAO ZAI SICHOU DE LU SHANG FUXIANG

出 品 人:刘广汉　　策划编辑:尹晓冬　宋书晔
责任编辑:刘孝霞　　执行编辑:宋书晔
选图、解说:芸 窗　　装帧设计:李婷婷
营销编辑:徐恩丹

广西师范大学出版社出版发行
(广西桂林市五里店路 9 号　邮政编码:541004
网址:http://www.bbtpress.com)
出版人:黄轩庄
全国新华书店经销
销售热线:021-65200318　021-31260822-898
山东临沂新华印刷物流集团有限责任公司印刷
(临沂高新技术产业开发区新华路 1 号　邮政编码:276017)
开本:787 mm×1 168 mm　1/32
印张:8　　字数:120 千字
2023 年 3 月第 1 版　　2024 年 1 月第 2 次印刷
定价:75.00 元

此书谨题献给遐迩

引言／香料在丝绸的路上浮香

《牛津英语词典》对“香料”一词的解释是：“从热带植物中提取的各种有强烈味道或香味的植物性物质，由于其所具有的香气和防腐性质，通常被用作调料或其他用途。”（转引自杰克·特纳著《香料传奇：一部由诱惑衍生的历史》[*Spice: The History of a Temptation*]，后文称《香料传奇》）

这个释义当然非常准确，但它却是现代的解释，或者说是科学化了的解释。香料因其散发出的强烈的香气，最初的用途是祭献于神灵，供神灵欢娱。以日本东京大学名誉教授藤卷正生为首的二十七位专家、教授合作编写的《香料科学》一书，从词源学上追溯了“香料”这一词语的本义：“现在在英语词汇中香料被译为‘perfume’。德语、法语、意大利语与英语类似。它们的语源都来自拉丁语‘*Per Fumum*’。它含有‘through smoke（熏烟）’之意，可见香料最初的使用目的是以熏香为主。”

熏香的目的是什么？我们先来看《旧约·出埃及记》中的一段记载：“耶和华晓谕摩西说：‘你要取上品的香料，就是流质的没药五百舍客勒，香肉桂一半，就是二百五十舍客勒，菖蒲二百五十舍客勒，桂皮五百舍客勒，都按着圣所的平。又取橄榄油一欣，按作香之法，调和作成圣膏油。’”这圣膏油用来涂抹一切圣物。

然后，“耶和华吩咐摩西说：‘你要取馨香的香料，就是拿他弗、施喜列、喜利比拿。这馨香的香料和净乳香，各样要一般大的分量。你要用这些加上盐，按作香之法，作成清净圣洁的香。这香要取点捣得极细，放在会幕内法柜前，我要在那里与你相会。你们要以这香为至圣。’”很显然，这种精细制成的熏香正是奉献给耶和华的。

因此，《香料科学》一书总结道：“香料据说起源于帕米尔高原的牧民之中，由此可见它和宗教发祥关系之深。从那里传入印度后分别传入中国和埃及，然后传到希腊和罗马。当时香料是宗教用品并且是为贵族阶层所喜爱的嗜好品和奢侈品，直到近代才逐渐用于给人类生活带来优美情趣这一目的，而且用于这种目的的比重正日益增加。”

现代英语中还有一个表示“香料”的词spice，杰克·特纳在《香料传奇》一书中认为：“香料（spice）这个词带有一种独特、无可替代的含义。说香料是特殊之物（special）是同义语反复，事实上这两个词是同根词。正如它们的名称中蕴涵着非寻常之义，这名称也与魅力诱人相连。”

在中文世界里，现代意义上的“香料”一词出现得很晚，有文献可考的最早出处，应该是十五世纪明代书画家马愈所著的《马氏日抄》一书，其中详细记载了信仰伊斯兰教的回族对香料的使用方法:“茶饭中,自用西域香料……其拌俎醢，用马思答吉，形类地榭，极香。考性味苦香无毒，去邪恶气，温中利膈，顺气止痛，生津解渴，令人口香。又有咱夫兰，状如红花，味甘平无毒，主心忧郁积，气闷不散，令人久食心喜。其煮物用合昔泥，云即阿魏，味辛温无毒，主杀诸虫，去臭气，破症瘕，下恶除邪解蛊毒。其淹物用稳展，味与阿魏同，云即阿魏根，味辛苦温无毒，主杀虫去臭，淹羊肉香味甚美……”

马愈提到的几种香料名都是译音。“马思答吉”即本书即将写到的乳香，可以用来拌“俎醢（zǔ hǎi）”，即肉酱；“咱夫兰”即藏红花；“合昔泥”即阿魏，一种有臭气的植物，汁液凝固后即称“阿魏”，可入药；“稳展”则是阿魏的根名。

不过，古代中国将包括香料在内的所有芳香之物一概称为“香”，而且从这个字的造字过程中即可看出香料的最初用途。

早在殷商时代，甲骨文中，“香”字就已经被中国的先民造出来了。我们来看看“香”字的甲骨文字形之一（见下页图 1），这是一个会意字，上面是禾穗下垂之形，下面是盛禾穗的器具。甲骨文字形之二（见下页图 2），上面下垂的禾穗还散落了很多颗粒。谷衍奎在《汉字源流字典》一书中的释义非常准确：“甲骨文是器中盛禾黍形，小点表示散落的黍粒，会新登禾黍芳香之意。”小篆字形（见下页图 3）上面根据甲骨文字形定型为“黍”，下面是“甘”，

图 1

图 2

图 3

因此许慎认为“从黍从甘”，虽然也可以会意为黍稷等粮食的芳香，但“甘”其实是盛黍稷之器的讹变。我们现在使用的“香”字则只保留了“黍”上部的“禾”。

《说文解字》：“香，芳也。”不过“香”和“芳”还有更细致的区分。清代学者王筠说：“香主谓谷，芳主谓草。”张舜徽先生则在《说文解字约注》一书中进一步解释说：“草之芳在花，谷之香在实。在花者其芳分布，在实者必熟食时然后知之。”这就是“香”的甲骨文字形中禾穗下垂的缘故，成熟才会下垂，成熟也才会散发出谷物的香味。

《尚书·君陈》中写道：“至治馨香，感于神明。黍稷非馨，明德惟馨尔。”虽然认为馨香的并不是黍稷，而是美德，但这不过是比喻义。前半句的“至治馨香，感于神明”，“馨香”是指用作祭品的黍稷，“馨”是“香之远闻者也”，用成熟的黍稷做祭品，香味可以远远地被神明闻到。

据《左传·僖公五年》，晋国要向虞国借道去讨伐虢国，面对大夫宫之奇的劝谏，虞君说：“吾享祀丰洁，神必据我。”宫之奇则一针见血地指出：“神所冯依，将在德矣。若晋取虞而明德以荐馨香，神其吐之乎？”意思是神凭依的是人的德行，如果晋国吞并虞国之后，修明美德，并将黍稷献祭给神明，神明难道还会将祭品吐出来吗？黍稷成熟之后，古人要先将这些谷物祭献给神明和先祖，这就叫“荐”，是没有酒肉作供品的素祭。“荐馨香”，可见“馨香”的确是用作祭品的黍稷等谷物。

由此可知，“香”这个字被中国的先民造出来的时候，香的最初用途就是祭献于神灵之前，以其香气供神灵欢娱，只不过使用的是黍稷等谷物而并不是熏香。

而如果按照日本著名汉学家白川静先生的释义，则祭献神灵的意味更浓。在《常用字解》一书中，他认为“香”字下面的器具乃是“置有向神祷告的祷辞的祝咒之器”，而这个器具中间的一横表示“祷辞已然置入之状”，因此

“‘香’义示供献黍谷，诵读祷辞，向神祈愿”。

这就是香的最初用途。除了中国文明之外，在世界其他文明形态中，香料的最初用途也毫无二致。藤卷正生等人所编《香料科学》一书中对此进行了富有说服力的总结：“古代埃及人向太阳神祈祷时，口中念诵‘借香烟之力，请神明下界……’并且逐渐变成一种风俗习惯了。寺院为此，由司祭在日出时焚树脂香，日中时焚没药，日没时焚烧由几种香料混合而成的调和香料。”这是古代埃及的熏香场景。

“古代巴比伦人和亚述人（Assyria）在纪元前1500年时，为了驱散恶魔所搞的焚烧香料、念诵咒语等宗教活动，在他们记在黏土板上的楔形文字中有很多记载。每年当祭祀太阳神时，在巴比伦寺院的祭坛上要供奉大量乳香。”这是古代东方民族的熏香场景。

“古希腊人喜爱香料可以一直追溯到他们的文明创造期。从希腊神话来看，使用香料的有各种神……他们用香料敬奉神和有名望的死者。”这是古代希腊的熏香场景。

“古罗马初期，人们用野生的花草供奉神明，希腊文明传入后才带来了香料方面的有关知识。及至公元五世纪左右香料的使用才普及起来，到罗马帝国时代，香料的使用达到顶峰。”毫无疑问，在古代罗马，香料的最初用途也是供奉神明。

古代东方则更不必说：“印度人自古以来在宗教仪式和个人生活中广泛使用由各种树脂和香木制成的熏香……印度教徒在建造寺院时，用白檀木建造神坛，礼拜时也要供奉白檀和郁金。”“伊斯兰教徒用白檀、沉香、安息香、广藿香等制作熏香。在宗教仪式中使用白檀浸制的香油。”“日本在六世纪中期，从中国传入佛教，与此同时传入熏香。天平时代更把佛教作为镇护国家的宗教信仰，在这种思想支配下，文化取得了惊人的发展，香料的用量大为增加。寺院自不必说，朝廷举行典礼时也必定焚香。”

……

综上所述，最初用于娱神的香料，由神而人，由神界而人间，熏香由宗教礼仪一变而为人类的世俗享受。比如“在埃及的全盛时代，香料和香油的消耗量极大。几乎人人身体涂香油，用香料熏衣服。在比较富裕的人家，室中更是香气弥漫。女人在放有香料的水中洗浴。每逢大的节日，街上焚香，整个街道都在香雾笼罩之中。各家邀请客人，并派奴隶在门口迎接。奴隶用香油涂在客人头部，同时为他（她）们祝福。桌子上、地板上撒满香气强烈的花朵”；而在古代罗马，“罗马贵族一天三次带着奴隶去浴池，让奴隶把香油涂在自己身上”。（引自《香料科学》）

但在古代西方世界，贵族享用着丝绸和香料，只知道它们来自神秘的东方，而东方的所有知识对他们来说都属道听途说。虽然有公元前四世纪亚历山大大帝的著名东征，但也不过是为西方世界打开了认识东方之门而已。而且来自东方的丝绸和香料的贸易，中间还隔着精明的阿拉伯人。正如威廉·涅匹亚所著《世界探险史：香料、珍宝的探寻》一书中所说：“1400 年代末期，欧洲冒险家们都认为若可发现直抵东方的航线，即可破除阿拉伯的市场垄断，进而与东方各国进行较廉价的交易。当时欧洲人士为寻求贵重物质的原产地，遂开始不屈不挠地进行危险的探险活动，并与数世纪来独占东方市场的阿拉伯商人展开一场血泪交织的竞争。”

这就是所谓的“地理大发现”的伟大时代。从十五世纪开始，以葡萄牙恩里克王子、哥伦布、达·伽马、麦哲伦等人为代表的探险家，一代又一代开始了开辟新航线的远洋航行，最终发现了所谓“新大陆”，并彻底打通了通向印度和中国的东方新航线。而杰克·特纳在《香料传奇》一书中写道：“哥伦布、达·伽马、麦哲伦这三位大发现时代的开拓者在成为地理发现者之前实际上是香料的搜寻者。尾随他们而来的是那些不太出名的后来者，沿着他们在未知领域里的探索之路，航海家们、商人、海盗，最后是欧洲各列强的军队，一齐开始了香料的大搜寻，他们为占有香料而拼死争斗，有时付出血的代价。”

杰克·特纳的描述未免过于温和，为争夺贸易的主导权而开启的所谓“地理大发现”，实际上隐藏着欧洲殖民主义的血腥原罪，坚船利炮的先进武器、充满歧视的白人至上主义使他们可以无所顾忌地对原住民进行大肆屠杀。比如被命名为“香料群岛”的印度尼西亚境内的摩鹿加群岛，先后经历了葡萄牙人和荷兰人的殖民统治。殖民者名为贸易、实为掠夺的罪恶行径，使他们攫取了摩鹿加群岛的大量丁香和肉豆蔻，从而在欧洲的香料市场上占据垄断地位。

正如学者们所说的那样："一小船丁香支付了首次环球航行的费用。""一船肉桂足以支付远征印度一次的费用有余。"

"香料之路"伴着人血的腥味而打开，而血腥味被这条距离遥远的路上的香料香气给掩盖了起来，以至于今天的人们只顾着为所谓"地理大发现"的全球化贸易欢呼，并尽情地享用经由这条道路输入的香料以及其他奢侈品。是的，香料是无辜的，而殖民者的原罪将永远会受到拷问和审判。

本书选取了经由陆上丝绸之路和海上丝绸之路传入中国的十四种香料，分别是胡椒、丁香、安息香、乳香、沉香、郁金香、苏合香、龙脑香、旃檀、肉豆蔻、肉桂、合欢、没药、龙涎香，详细为读者朋友讲述它们的传播路线、功用以及在各自文化谱系中的象征意义。

有细心的读者朋友可能已经注意到了，《植物在丝绸的路上穿行》一书还选取了四种由中国传入西方的植物，但在本书中却没有中国香料输入西方世界的记录。这是因为香料原产于热带地区，中国虽然也有原产的香料，但是质量远远比不上海外热带地区的香料，以至于连中国的皇室和贵族阶层都需要大量进口，而且很显然，进口的路线是通过海上丝绸之路，由海船通过南中国海转运而来。佛教的传入对中国的香料使用影响尤其巨大，正如美国汉学家薛爱华（即爱德华·谢弗）在《撒马尔罕的金桃：唐代舶来品研究》（*The Golden Peaches of Samarkand: A Study of T'ang Exotics*）一书中总结的：“佛教与外来的印度文化为中国的寺庙带来了大量的新香料，而众多的有关焚香和香料的习俗和信仰也随之传入了中国，从而加强和丰富了中国古老的焚香的传统。”

目录

胡椒

昂贵的『希腊人的热情』

Clafsis II. Ordo III.
DIANDRIA TRIGYNIA.
PIPER.
Clafsis II. Ordo III.
DIANDRIA TRIGYNIA.
PIPER.

“胡椒”，出自《林奈植物性别系统图鉴》，约翰·塞巴斯蒂安·米勒绘，1776年。

约翰·塞巴斯蒂安·米勒（1715—1790），十八世纪活跃于英国伦敦的德国版刻家、植物学家，《林奈植物性别系统图鉴》是他最伟大的作品。该书有助于将卡尔·林奈的研究普及给英文读者，得到了林奈本人的热情支持和赞赏。这两幅版画原题名为“*Diandria Trigynia Pipper*”，描绘了“胡椒”这一物种。彩色图版描绘胡椒的自然形态，无色图版刻画植物各部分的细节特征。“*Diandria Trigynia*”是林奈的分类，“*Diandria*”表示二雄蕊，“*Trigynia*”表示三雌蕊。胡椒的花符合这一特征。

胡椒（拉丁名：*Piper nigrum*），又名黑川，胡椒科胡椒属多年生木质攀援藤本植物。叶互生，近革质，通常卵状长圆形或椭圆形；穗状花序，通常雌雄同株，花期6—10月；浆果球形，成熟时红色。未成熟果实干后，果皮皱缩而黑，称黑胡椒；成熟果实脱去皮后色白，称白胡椒。通常作为香料和调味料使用。原产南印度，现广植于热带地区。胡椒的辛香气来自其中的胡椒碱。中世纪时，胡椒的昂贵价格成为葡萄牙人寻找印度新航线的诱因之一。

美国东方学家劳费尔在他的名著《中国伊朗编》(*Sino-Iranica; Chinese Contributions to the History of Civilization in Ancient Iran, with Special Reference to the History of Cultivated Plants and Products*)一书中正确地辨析道:“许多由伊朗移植于中国的植物都在汉语名称的头上加着‘胡’字。‘胡’是中国对某些外国部落的通称,并不特别指某些种族……形容词‘胡’字决不能当作标志外国植物的可靠标准,名字上带有‘胡’字的植物即使是从外国来的,也不见得指亚洲西部的或伊朗的植物。”

胡椒之“胡”正是如此。《后汉书·西域传》中早就记载天竺国有“诸香、石蜜、胡椒、姜、黑盐”等物产，晚唐著名的博物学家段成式在《酉阳杂俎》中更是将胡椒的产地缩小到“出摩伽陀国，呼为昧履支”，摩伽陀国是印度的古国之一，“昧履支”更毫无疑问是梵语的译音。

薛爱华在他的名著《撒马尔罕的金桃》一书中详细勾勒了胡椒的传播路线：“胡椒属植物最初生长在缅甸和阿萨姆，先是从这些地区传入了印度、印度支那以及印度尼西亚，然后，又由印度传入波斯，再从波斯与檀香木和药材等一起由波斯舶转运到中世纪的亚洲各地。”

由此可知，胡椒之“胡”，指的乃是印度，更具体地说，胡椒乃是产自印度马拉巴尔（Malabar）海岸的胡椒树的果实。杰克·特纳在《香料传奇》一书中描述道，十五世纪末，当达·伽马航行到达此地时，“正值马拉巴尔海岸处于全球香料贸易中心的时期……胡椒是马拉巴尔得以繁荣的基石，那时的胡椒对于马拉巴尔来说正像今天的石油之于波斯湾”。

杰克·特纳接着写道：“在基督纪元开始的时代，当伽马的故乡葡萄牙还是一片贫瘠的荒漠，卢西塔尼亚人部落向着没有帆船航行的大西洋上张望的时候，希腊水手已经大批涌向了马拉巴尔，这使胡椒有了一个别有韵味的梵文名称 yavanesta，义为‘希腊人的热情’。”

胡椒传入中国的时间至迟不晚于晋代。据北魏时期著名农学家贾思勰所著《齐民要术》引西晋张华《博物志》的记载：“胡椒酒法：以好春酒五升；干姜一两，胡椒七十枚，皆捣末；好美安石榴五枚，押取汁。皆以姜、椒末及安石榴汁，悉内着酒中，火暖取温。亦可冷饮，亦可热饮之。温中下气。”这是中国古代典籍中第一次出现胡椒其名。

东晋葛洪所著医书《肘后备急方》中，胡椒作为药物凡两见：一是“孙真人治霍乱，以胡椒三四十粒，以饮吞之”；二是“治脾胃气冷”，“鲫鱼半斤，细切，起作鲙，沸豉汁热投之，着胡椒、干姜、莳萝、橘皮等末，空腹食之”。“鲙（kuài）”指细切的鱼肉。

综上所述，晋代时胡椒不仅已经传入中国，而且还被医家成熟地应用于医疗。

其实，“椒”在中国早已存在。在讲述胡椒传入中国后的传奇故事之前，让我们先梳理一下中国“椒”的前世今生。

《诗经·唐风》中有一首名为《椒聊》的诗，是先秦时期的晋地民歌，描写晋国的曲沃之君桓叔的实力比晋国还强，晋人视其繁衍之盛，无可奈何地发出叹息。这首诗最为形象地吟咏了中国椒的特点：“椒聊之实，蕃衍盈升。彼其之子，硕大无朋。椒聊且，远条且。椒聊之实，蕃衍盈匊。彼其之子，硕大且笃。椒聊且，远条且。”

中国台湾学者马持盈先生的白话译文为：“椒聊之实子，蕃衍至于满满的一升，犹之乎桓叔的力量发展得硕大无比。椒聊呀，你的枝叶真是长得太长了。椒聊的实子，蕃衍至于满满的一捧，犹之乎桓叔的力量发展得庞大而雄厚。椒聊呀，你的枝叶真是长得太长了。”

“聊”是无意义的语助词，“椒聊”就是“椒”。椒同重阳节登山佩戴的茱萸一样，最显眼的特征都是结的果实“聚生成房”。其实，所有的中国椒都是花椒，现在我们日常食用的辣椒原产于中南美洲，明代末年才传入中国。

一说起花椒，读者朋友们立刻就会明白“聚生成房”

《诗经·唐风图》“椒聊”，传南宋马和之绘，赵构书，绢本设色长卷，辽宁省博物馆藏。

《唐风图》是宋高宗、宋孝宗与马和之合作的《诗经》系列图（或称“毛诗图”）之一，根据《诗经·唐风》中的十二章诗意而绘。“唐”是指周成王的弟弟叔虞的封国，也就是后来的晋，大约在今天的山西汾河流域一带，“唐风”就是这个地方的诗歌。传世《唐风图》有三本，分别收藏于辽宁省博物馆、日本京都国立博物馆、北京故宫博物院，其中辽博版最为出色。

马和之，生卒年不详，钱塘（今浙江杭州）人，南宋画家，官至工部侍郎。擅画人物、佛像、山水，为御前画院十人之首。自创柳叶描，行笔飘逸，

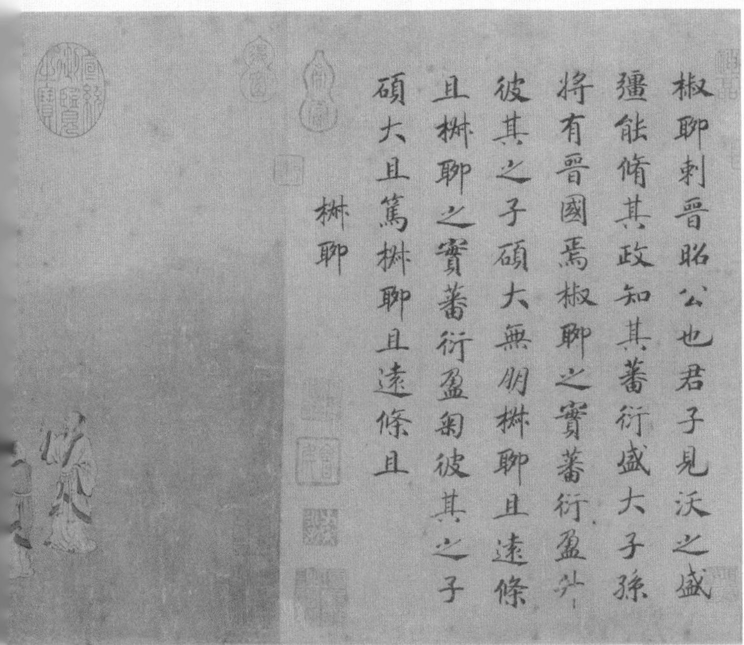

着色轻淡，人称“小吴生”。宋高宗和宋孝宗书《毛诗》三百篇，命马和之每篇画一图，汇成巨帙。画作笔墨沉稳，结构严谨，笔法清润，景致幽深。此《唐风图》卷的书法，元明清以来一直被认为是宋高宗赵构亲笔，近世研究者则认为应为他人仿书或代笔。

这幅画的是《诗经·唐风》第四篇《椒聊》的诗意。《毛诗序》以为此诗之旨是讽谏晋昭公，感叹曲沃之君桓叔“蕃衍盛大，子孙将有晋国焉”。画面上，两位晋国士大夫正指着不远处一株结实累累的花椒树感慨赞叹。“唐”地在山西，此树的品种大约属于秦椒吧。中国花椒不仅多子，且香气远扬，《诗经·周颂》曰“有椒其馨，胡考之宁”，认为椒香可使人长寿呢。

的含义：花椒的果实极小，一个个簇生在一起，就形成了一串，“房”形容的就是植物果实的“串”。因为果实又多又密，花椒所以就用来比喻繁衍众多，就像《椒聊》中吟咏的桓叔的后代“蕃衍盈升”“蕃衍盈匊”一样。

针对《椒聊》一诗，西晋学者陆机有一大段注释，乃是古人对“椒”的总结性陈述：“椒树似茱萸，有针刺，叶坚而滑泽，蜀人作茶，吴人作茗，皆合煮其叶以为香。今成皋诸山间有椒，谓之竹叶椒，其树亦如蜀椒，少毒热，不中合药也，可着饮食中。又用蒸鸡、豚，最佳香。东海诸岛亦有椒树，枝叶皆相似，子长而不圆，甚香，其味似橘皮。岛上獐、鹿食此椒叶，其肉自然作椒、橘香。”

由此可知，花椒早就被中国古人用来作茶或者作为食物中的调料。《艺文类聚》引《范子》：“计然曰：蜀椒出武都，赤色者善；秦椒出天水陇西，细者善。”这是古时两种最著名的花椒，即蜀地出产的蜀椒和秦地出产的秦椒。

汉代皇后所居的宫殿称“椒房”或“椒房殿”，殿内四壁用花椒子和泥涂抹，取其温暖、芬芳之意，但更重要的是，取花椒多子之意，祝愿皇后生育更多的皇子。同样，作为花椒多子之意的延伸，古时农历的正月初一，子孙们要用椒酒和柏酒祭祖，同时敬献给父母，祝愿父母长寿。

除多子之意外，花椒因其芳香，还成为男女间爱情的象征。《诗经·陈风》中有一首名为《东门之枌》的诗，描写陈国的小伙子和一位姑娘良辰之时聚会歌舞，最后两句是："视尔如荍，贻我握椒。""荍（qiáo）"即锦葵，从小伙子的眼中看出去，姑娘就像锦葵一样美丽；姑娘也看中了小伙子，于是赠给他一束花椒。当然，"贻我握椒"也可视为原始时期的自由交合习俗，并祈求婚配和子嗣。

"椒"在中国文化谱系中的象征意义是如此美好，以至于今人生造了一个词"椒乳"，用来歌颂年轻女子的美丽乳房。需要说明的是，古时并无"椒乳"一词，而在今天的武侠小说和言情小说中却几乎泛滥成灾。

比如金庸的武侠小说《天龙八部》第二章"玉壁月华明"，其中写道："（段誉）斜眼偷看那裸女身子时，只见有一条绿色细线起自左肩，横至颈下，斜行而至右乳。他看到画中裸女椒乳坟起，心中大动，急忙闭眼。"

又如《鹿鼎记》第十一回"春辞小院离离影 夜受轻衫

漠漠香”，其中写道：“韦小宝将钵中的蜜糊都敷上了她伤口，自己手指上也都是蜜糊，见她椒乳颤动，这小顽童恶作剧之念难以克制，顺手反手，便都抹在她乳房上。”

有网友认为：“‘椒乳’的本义是‘香乳’，‘椒’用来比拟乳房的味道，而不是用来比拟乳房的形状。”“椒”固然有芳香之意，即荀子在《礼论》中所说“椒兰芬苾，所以养鼻也”，“芬”是芬芳，“苾（bì）”是芳香。但按照常理，对女性乳房的第一感受必定诉诸视觉形象，而且释义为“香乳”，乳房的香气只有最亲近的爱人才能够嗅到，不可能成为大众对乳房的第一印象。因此这种解释值得商榷。

同时，如果说“椒乳”乃比拟乳房的形状，那么花椒子极小，拿来作比实在不伦不类。

我怀疑“椒乳”这一生造词是出于有意的误写，原写作“菽（shū）乳”，是豆腐的别名。相传豆腐为西汉淮南王刘安所创，元末明初学者孙作所著《沧螺集》中有“菽乳”一条：“豆腐本汉淮南王安所作，惜其名不雅，余为改今名。”孙作同时赋诗一首，其中吟咏道：“戎菽来南山，清漪浣浮埃。转身一旋磨，流膏入盆罍。大釜气浮浮，小眼汤洄洄。顷待晴浪翻，坐见雪花皑。青盐化液卤，绛蜡窜烟煤。霍霍磨昆吾，白玉大片裁。烹煎适吾口，不畏老齿摧。蒸豚亦何为，人乳圣所哀。万钱同一饱，斯言匪俳诙。”“罍（léi）”是盛酒或盛水的青铜或陶制的容器。

在古代，豆类总称为“菽”，“戎菽”指山戎种植的大豆。此诗吟咏豆腐的制作过程及其制成后的形态，比之于“白玉”，其美味又比之于婴儿所食的“人乳”。豆腐因此又有白璧、软玉、乳脂、豆乳、脂酥等别称。而这一切美誉，都可比拟年轻女子的美丽乳房。孙作更名的“菽乳”一词，正是在这个意义上对豆腐的极致美称。同时，日常俗语中把占女人便宜称为“吃豆腐”或“吃女人的豆腐”，所有的辞典都没有给出这一俗语的语源，我很怀疑它就是由“菽乳”而来。

而“菽”和“椒”两个字又极其相似，一为草字头，一为木字旁，极易混淆。如今已无法考证哪位武侠小说家或言情小说家最先使用“椒乳”的名称，他要么一时眼花看错了字，要么就是蓄意而为，因为当“豆”字代替“菽”

成为豆类总称之后，“菽”字便废弃不用了，这位小说家生怕读者不认识“菽”字，同时又因为“椒”在中国文化谱系中的意象实在太过美好，于是将错就错，将“菽乳”改为“椒乳”，从而成就了一桩美丽的错误。这一错误也反证了“椒”（花椒）在古人日常生活中的重要地位。

这就是中国椒（花椒）的前世今生。而胡椒在晋代传入中国之后，因其异域情调，立刻成为上流社会的时尚调料，同时也带来了新的菜肴烹制方法，比如段成式在《酉阳杂俎》中记载：“（胡椒）形似汉椒，至辛辣。六月采，今人作胡盘肉食皆用之。”

唐代时，胡椒的价格非常昂贵，以至于胡椒拥有量的多少甚至成为衡量一个朝廷官员是否富有的标志。《新唐书·元载传》记载，唐代宗的宰相元载骄横恣肆，贪得无厌，被唐代宗诏赐自尽后，“籍其家，钟乳五百两，诏分赐中书、门下台省官，胡椒至八百石”。钟乳即钟乳石，可供药用。唐代史学家吴兢所著《贞观政要·纳谏》记载：“贞观十七年，太子右庶子高季辅上疏陈得失，特赐钟乳一剂，谓曰：‘卿进药石之言，故以药石相报。’”堂堂太子的教养之官，也只能得到唐太宗御赐的一剂钟乳石，可见其珍贵，而元载家藏的钟乳石居然达到五百两之多！家藏的胡椒更至八百石！石（dàn）是计量单位，按汉制，一百二十斤为一石，八百石可谓天文数字。不过也可见即使在上流社会里，胡椒也是一种奢侈品，元载要像聚敛钱财一样聚敛胡椒。

和古代中国一样，在古代西方世界，胡椒也是只有贵族才能享受的奢侈品。杰克·特纳在《香料传奇》一书中记载了一则考古发现："人们能够叫出其名的第一个胡椒的消费者不是用香料来做佐餐的调料，那是一个早已失去了肉体享乐的人，事实上那是一具尸体，是拉美西斯二世（他也许是埃及最伟大的法老王）的皮和骨头，在他公元前 1224 年 7 月 12 日去世的时候，有几粒胡椒子被嵌入了他大而长的鼻梁中。"这个考古发现也揭示出胡椒从热带的印度南方传入埃及的时间惊人地早！

而且，香料的发源地对中世纪的西方人来说全都有着神秘的传奇色彩。杰克·特纳引述西班牙基督教神学家伊西多尔的话说："胡椒植物是被毒蛇所护卫的，收获者在

“采摘胡椒献给国王”，十五世纪泥金写本《奇迹之书》插图，羊皮纸蛋彩细密画，约1410—1412年，法国国家图书馆藏。

《奇迹之书》即著名的《马可·波罗游记》，记载了威尼斯人马可·波罗从威尼斯出发至亚洲，又从中国返回威尼斯的游历和见闻。这幅细密画的作者可能是埃格顿大师，一位来自佛兰德的画师，十五世纪上半叶活跃于巴黎。

当时无论在东方还是西方，胡椒都属于奢侈品。胡椒的珍贵从这幅插图上可见一斑。图中描绘了两个场景，一个是胡椒的采摘过程，另一个是商人或臣民正将两小袋胡椒作为贵重礼物敬献给一个国王。马可·波罗曾经到达元朝治下的扬州、杭州、泉州、苏州等城市，他将泉州称为“刺桐城”，说该港口商人云集，货物如山，认为运到泉州的胡椒数量极其可观，与之相比运往西方世界各地的胡椒不足其百分之一。贩卖胡椒的商人须支付百分之四十四的运费，再加上关税等费用，也就难怪其售价高昂了。

放火烧林中草丛时驱走了这些毒蛇，从而也使胡椒子带上了那种特有的黑皱皮。”这种看法并非伊西多尔一人独有，在本书后续篇章中，我们也将屡屡发现，几乎所有的香料之树都为毒蛇所环绕，所守卫。

有一种极为流行的通俗说法，正如威廉·涅匹亚所著《世界探险史：香料、珍宝的探寻》一书中所写的：“早在 1400 年代时的生活水准，却远非现代的我们所能想象。当时，冬天极难获得新鲜肉类，除少数特权阶级偶尔可自狩猎者手中购获野鹿之类的猎物外，大多数人只得食用风干或熏制的肉类，而这种肉质地坚硬，有腐烂味，如欲增加美味，只有赖香料来调味。但胡椒价格极高，与金价竟相提并论，且常需用黄金才能换得。”

但是，据杰克·特纳的研究，事实却并非如此简单。在《香料传奇》一书中，他认为除了调味之外，“香料还被用于广泛的目的，诸如召唤神灵、祛病驱邪、防止瘟疫等。它们还可以重燃衰微的欲火……作为药物它们有着无可匹敌的名声，它们被比作忠实的信徒，比作可以扇起火山般情欲的种子”，比如胡椒就普遍被认为具有催情的作用。

杰克·特纳又写道："十七世纪时尼古拉斯·韦内特曾对其效用总结道：'胡椒，通过耗散多余的体液……使自然倾向于冷和湿的生殖器保持温和与干燥，通过促成一种恒定的温度，增强了生殖能力，同时也给两性交合带来更多乐趣。'"

总之，在古代西方人的心目中，香料的特性极其复杂，"一种感官、情绪和情感的需要；起源于朦胧的味觉和信仰的领域"。

在胡椒传入欧洲之后，享用西餐前的最后一道程序就变成了胡椒和盐一起撒在盘子里的食物上；而在西餐成为现代中国人的时尚之前，很少有人能够吃惯胡椒，这可真算得上是"数典忘祖"了！

丁香／世界上最早的口香糖

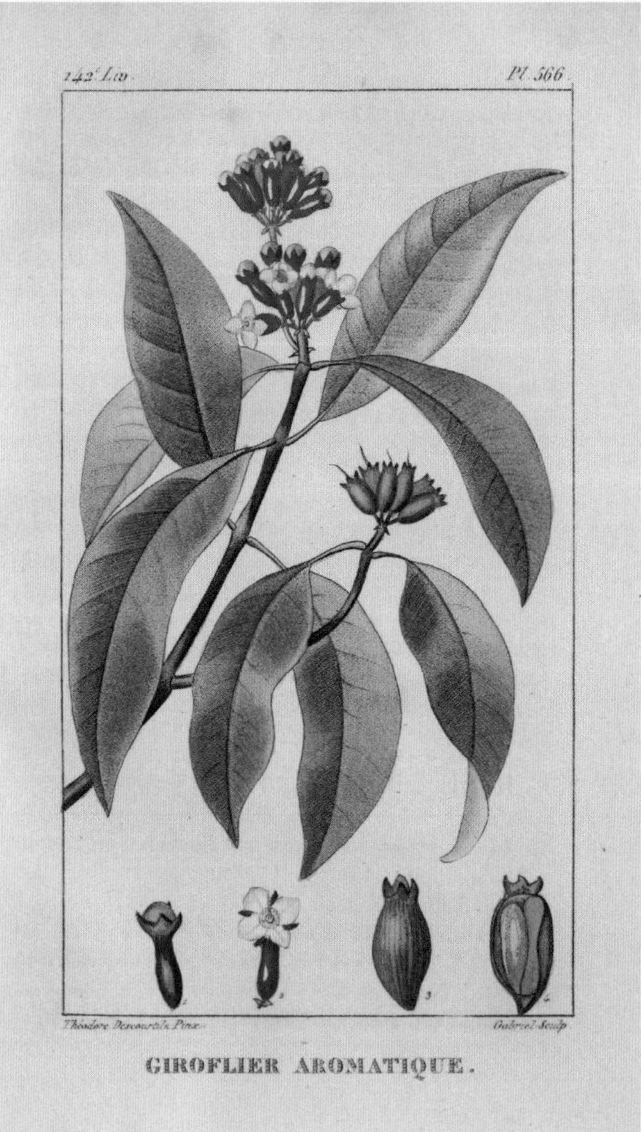
142.e Liv.
Pl. 566.
Théodore Descourtilz Pinx.
Gabriel Sculp.
GIROFLIER AROMATIQUE.

“丁香”，出自《西印度群岛药用花卉图谱》第八卷，米歇尔-艾蒂安·迪斯科泰兹著，让-泰奥多尔·迪斯科泰兹绘，法国巴黎，1821—1829年出版。

《西印度群岛药用花卉图谱》共八卷，是法国医生、植物分类学家、海地革命史学家、曾任巴黎林奈学会会长的米歇尔-艾蒂安·迪斯科泰兹（1775—1835）及其子博物学家、插画家、鸟类学艺术家让-泰奥多尔·迪斯科泰兹（约1796—1855）合作完成的植物图鉴，介绍了法国、英国、西班牙和葡萄牙殖民地常见植物。这些植物主要收集于太子港和海地角之间，以及阿蒂博尼特河沿岸。

丁香（拉丁名：*Syzygium aromaticum*），又名丁子香、鸡舌香、丁香蒲桃，桃金娘科蒲桃属木本植物。图中标注的“Giroflier Aromatique”是法语“丁香”，“Aromatique”是芳香的意思。丁香原产印度尼西亚，作为一种食用香料，现已被引种到世界各地的热带地区。树为常绿乔木，高达10—20米。叶椭圆形，单叶大，对生，革质。聚伞花序，花蕾初起白色，后转为绿色，当长到1.5—2厘米长时转为红色（这时就可以收获了）。花瓣白色稍带淡紫。果实为长椭圆形，名为“母丁香”。丁香花蕾入中药，名为“公丁香”。种仁由两片形状似鸡舌的子叶抱合而成，故又称“鸡舌香”。汉代以后臣子向皇帝起奏时，必须口含鸡舌香去除口臭。

文艺青年大概都读过著名诗人戴望舒写于 1927 年的诗歌名篇《雨巷》：

撑着油纸伞，独自
彷徨在悠长，悠长
又寂寥的雨巷，
我希望逢着
一个丁香一样地
结着愁怨的姑娘。

她是有

丁香一样的颜色，
丁香一样的芬芳，
丁香一样的忧愁，
在雨中哀怨，
哀怨又彷徨；

她彷徨在这寂寥的雨巷，
撑着油纸伞
像我一样，
像我一样地
默默彳亍着，
冷漠，凄清，又惆怅。

她静默地走近
走近，又投出
太息一般的眼光，
她飘过
像梦一般地，
像梦一般地凄婉迷茫。

像梦中飘过
一枝丁香地，
我身旁飘过这女郎；
她静默地远了，远了，
到了颓圮的篱墙，
走尽这雨巷。

在雨的哀曲里，
消了她的颜色，
散了她的芬芳，
消散了，甚至她的
太息般的眼光，
丁香般的惆怅。

撑着油纸伞，独自
彷徨在悠长，悠长
又寂寥的雨巷，
我希望飘过
一个丁香一样地
结着愁怨的姑娘。

把姑娘比作丁香，这个意象实在是太美丽啦！不过，这个比喻是拿丁香的形状作比呢，还是拿丁香的香气作比？诗人没有告诉我们，只是驰骋着天才一般的想象力，仿佛蒙胧的醉眼，看见的只是“一个丁香一样地结着愁怨的姑娘”。

诗歌不是植物学，我们只能把它当作一个进入丁香世界的引子。

杰克·特纳在《香料传奇》一书中如此描述香料的历史:“这是一段曲折繁复、历经数千年的历史，它的开端始于埋在叙利亚荒漠之中的被烧黑了的陶罐中的一小把丁香。在幼发拉底河岸的一个小镇上，一位名叫普兹拉姆的男子的住房被一场大火所烧毁……终于到了有一天，一支考古队来到如今位于这些废墟上的一个尘土飞扬的村庄，他们在普兹拉姆曾经住过的房中、在堆积着的烧焦的泥土中挖掘出一批刻有文字的泥板。可庆幸的是，那场把房子烧毁的大火把那些易碎的泥板烧成了坚实的瓷片，如在窑中烘烤过一般，这使得它们历经千年而留存了下来。另一件值得庆幸的事是，这些瓷片中有一块上提到当地的一位统治者，从其他资料上查得是雅迪克—阿布王（King Yadihk—Abu）。他的名字使得那场大火以及那把丁香的年代被确认为发生在公元前1721年前后。”

同我们一样，杰克·特纳也在感叹这简直是一桩奇迹：“在近代之前，丁香生长于今日印度尼西亚群岛最东边的五个小火山岛上，其中最大的横向也不过10英里（约16千米）。由于丁香只生长在这个合称为摩鹿加群岛的五个小岛上，德那地、蒂多尔、莫蒂、马基安和马赞在十六世纪成了家喻户晓的名字，成为相距半个地球之远的各个帝国竞相掠夺的对象……在指南针、地图、生铁出现之前几百年，当世界还处于比它后来的样子要远为广漠和神秘的时候，丁香竟然从摩鹿加群岛冒着烟的热带火山锥来到叙利亚的焦渴的沙漠。这是怎么发生的？是谁把它们带到了那里？这只能任人的神思去遐想了。”

这段感叹精确地论及了丁香的原产地，即我们在引言中曾经提到过的著名的“香料群岛”——印度尼西亚的摩鹿加群岛。

《肉桂、肉豆蔻、丁香和竹子》，罗梅因·德·胡赫制，蚀刻版画，1682—1733年，荷兰国立博物馆藏。

这幅版画出自一套描绘东、西印度群岛和中国等东方地区的植物、动物和土著居民的画册，于1682—1733年间在阿姆斯特丹出版。制作者罗梅因·德·胡赫（1645—1708）是一位重要且多产的荷兰巴洛克晚期画家、雕塑家、版刻家，以政治宣传版画闻名，擅长创造性地安排雕刻中的题材。

东印度群岛亦称“香料群岛”，这是十五世纪前后欧洲国家对东南亚盛产香料的岛屿的泛称。此地先后被葡萄牙人和荷兰人殖民，荷兰殖民者侵占今印度尼西亚后，称该地为荷属东印度。殖民者从“香料群岛”攫取了大量丁香和肉豆蔻。这幅版画以猎奇的笔触描绘了东印度群岛的肉桂、肉豆蔻、丁香和竹子，原住民在植物间辛勤劳作，画面颇具异域风情。浓重的阴影与黑白对比凸显了当地强烈的阳光。

关于这里的丁香，十七世纪曾担任过荷兰东印度公司军医的克里斯托费尔·弗里克在《热带猎奇：十七世纪东印度航海记》（*Voyages to the East Indies*）中记录了亲眼所见的第一手资料："丁香树颇似月桂树，其花由白而青，继而由青转红。当花为青色时，芬芳馥郁，无与伦比。丁香花中密密丛丛地团生着丁香，成熟后由种植者采集曝干，成为黄褐色。那些未成熟的，他们均不采集，任其留在树上直至来年，他们称这种丁香为'丁香母'。丁香树生长的地方杂草绝迹，周围不生植物，这是因为丁香树性喜吸水，将附近的水分吸尽。丁香也是如此，我曾亲眼见到在一间贮放经过挑选、清理的丁香的货栈内，置水一桶，三四天后，桶内竟干涸无水了。丁香的气味异常强烈，有的人因为与大量丁香接触或过于靠近其地而窒息。"

不过，丁香传入中国的时间较晚，大约在汉代，而且起初不叫"丁香"，而是叫"鸡舌香"，也可简称为"鸡香"。李时珍在《本草纲目》中引述唐代医学家陈藏器的解释说："鸡舌香与丁香同种，花实丛生，其中心最大者为鸡舌（击破有顺理而解为两向，如鸡舌，故名），乃是母丁香也。"

所谓“鸡舌香与丁香同种”，李时珍所说的其实是两种丁香，一种是原产于中国华北地区的紫丁香，属于木犀科丁香属，为灌木或小乔木；另一种就是原产于热带地区的鸡舌香，属于桃金娘科蒲桃属，为常绿乔木，又称“母丁香”。后一种丁香的种仁由两片形状似鸡舌的子叶抱合而成，故称“鸡舌香”。

唐代徐坚等人编撰的大型类书《初学记》中“职官部”一卷曾引述东汉学者应劭所著《汉官仪》的记载：“尚书郎含鸡舌香，伏奏事，黄门郎对揖跪受，故称尚书郎怀香握兰，趋走丹墀。”

尚书郎是皇帝身边负责文书奏章的官员，因为直接面对皇帝，奏事的时候必须口含鸡舌香，以免口气熏到了皇帝的万乘之躯。唐代学者杜佑在《通典·职官》中解释得很明白：“尚书郎口含鸡舌香，以其奏事答对，欲使气息芬芳也。”

鸡舌香大概是世界上最早的口香糖了吧。因此汉朝人非常风雅地形容尚书郎为“怀香握兰”——怀里揣着鸡舌香，手中握着兰草。“兰”不是指兰科的兰花，而是指菊科的兰草，即佩兰，乃是芬芳的香草。“丹墀（chí）”指宫殿的赤色台阶或赤色地面，大臣就在这里拜见皇帝。

唐代大型类书《艺文类聚》引应劭《汉官仪》的佚文：“侍中刁存，年老口臭，帝赐鸡舌香，令含之。”北宋大型类书《太平御览》的引文更详细更有趣：“侍中乃存年耆口臭，上出鸡舌使含之。鸡舌香颇小，辛螫，不敢咀咽，自嫌有过，得赐毒药，归舍辞诀，欲就便宜。家人哀泣，不知其故。赖僚友诸贤问其愆失，求视其药，及口香，共笑之。更为吞食，其意遂解。存鄙儒蔽于此耳。”

东汉桓帝在位期间，有位担任侍从的侍中名叫乃存（一说刁存），乃存年龄大了，有口臭，向汉桓帝奏事的时候不免熏到皇上。虽然是老臣，但汉桓帝有一天终于忍受不了了，于是赐了一粒鸡舌香给乃存。乃存孤陋寡闻，从来没有听说过鸡舌香是干什么用的，含到口中，只觉得此物又香又辛辣，立马想到这原来是皇上赐自己死的毒药！

吐又不敢吐，咽又不敢咽，乃存万般无奈含着这粒鸡舌香回到了家。一到家，乃存就吩咐家人赶紧为自己准备后事，然后与家人抱头痛哭。家人很奇怪，不明所以，赶紧向乃存的同僚询问。乃存的同僚闻讯赶来，请求乃存吐出口中的药，一看之下，不由得哈哈大笑，告知乃存：这就是传说中的鸡舌香啊！皇上赐给了你，你居然以为是毒药！太辜负圣恩了吧！

唐代著名诗人宋之问也有一则类似的逸事。唐人张垍（jì）所著《控鹤监秘记》载："户部郎宋之问以诗才受知于后，谄事昌宗，求为北门学士，昌宗为之说项，武后不许，之问乃作《明河篇》赠昌宗，其末云：'明河可挈不可亲，愿得乘槎一问津。还将织女支矶石，更访成都卖卜人。'武后见其诗，笑谓昌宗曰：'朕非不知其才，但以其有口过耳。'"

史载宋之问"伟仪貌，雄于辩"，当然符合武则天的选美标准。但当宋之问通过男宠张昌宗向武则天表达"愿得乘槎一问津"，愿意为女皇提供服务的热忱之心时，武则天笑着说："我不是不知道宋之问的奇才和忠心，而且他也确实长得不错，很合我的选美标准，可是但恨这个小白脸有口臭。"一句话断送了宋之问的锦绣前程，张垍刻薄地评论道："之问遂终身衔鸡舌之恨。"

《彩绘帝鉴图说》之“改容听讲”，绢本设色，约十八世纪，法国国家图书馆藏。

《帝鉴图说》由明代内阁首辅、大学士张居正亲自编撰，是供当时年仅十岁的小皇帝明神宗（万历皇帝）阅读的教科书，由一个个小故事构成，分为上下两篇，“圣哲芳规”讲述历代帝王励精图治之举，“狂愚覆辙”剖析历代帝王倒行逆施之祸，每个故事均配以形象的插图。此彩绘版《帝鉴图说》大致绘制于清代早期，可能是当时的外销画。画面严谨工丽，略具西洋透视技法。

“改容听讲”描述的是宋仁宗的故事。宋仁宗赵祯是中国历史上第一位获得“仁宗”这个庙号的皇帝，他在位四十余年，政治清明，社会繁荣，号为“盛治”。史称他天性恭俭仁恕，搜揽天下豪杰，“敬用其言，以致太平”。宋仁宗初年，每日召侍讲学士孙奭（shì）、直学士冯元讲《论语》。帝在经筵，或偶然左顾右盼，或容体稍有不端，孙奭即端拱而立，停住不讲，仁宗便立即竦然改听。宋人生活精致，最讲究用香，两位学士与年轻的皇帝密切接触，每日总要讲解一节课的时间吧，想必会用掉不少鸡舌香。

不过，汉代之后，含鸡舌香就成了朝廷礼仪的一个组成部分，不管有没有口臭都要含鸡舌香。比如刘禹锡的诗句“新恩共理犬牙地，昨日同含鸡舌香”，又比如白居易的诗句“对秉鹅毛笔，俱含鸡舌香”，都是形容同朝为官。曹操曾经给诸葛亮写过一封信《与诸葛亮书》：“今奉鸡舌香五斤，以表微意。”这并不是讽刺诸葛亮有口臭，而是以五斤鸡舌香相赠，隐晦地劝说诸葛亮归降汉天子，表示自己愿意和他同朝为官。

到了北魏时期，鸡舌香始有“丁香”之名。贾思勰所著《齐民要术》中写道：“鸡舌香，俗人以其似丁子，故为‘丁子香’也。”“丁”是“钉”的古字，形容它尚未完全绽开的干燥花蕾状似钉子。这个别称倒是中西皆同，薛爱华在《撒马尔罕的金桃》一书中总结道：“正如英文字‘clove’一样，汉文的‘丁香’也是指这种香的外形而言的——‘clove’来源于拉丁文‘*clavis*’，而它的英文名则是从古代法文‘clou’（钉子）衍生而来的。”

同胡椒一样，古代西方人认为丁香也具有催情作用，这一点与中国的丁香文化大异其趣。杰克·特纳在《香料传奇》一书中写道：“一种受喜爱的香料是丁香，在干性的尺度表上它居于中游，通常被认为不像胡椒和桂皮那么辛热，因此常被建议用于保育男人和女人的‘种子’。”因此，英国学者米兰达·布鲁斯－米特福德和菲利普·威尔金森才在《符号与象征》（*Signs and Symbols*）一书中称丁香“象征着健康”。

同时，两位学者又总结了丁香在西方文化谱系中的象征意义：“丁香象征爱与保护，倘若家里有孩子出生，依照传统家人会种下一棵丁香树；倘若丁香树枯萎了，便预示着孩子的死亡。丁香也曾身价万金，引得无数人疯狂地寻找它。”很显然，最后一句话就是对所谓“地理大发现”时代各位航海家的香料探险史的精准描绘，而这一疯狂的探险和寻找，并没有在古代中国发生。

安息香

『外道天魔皆胸裂』的辟邪之香

a
b
c

“安息香树”，出自《药用植物学》第二卷，约翰·斯蒂芬森、詹姆斯·莫尔斯·丘吉尔著，G.里德、查尔斯·摩根·柯蒂斯绘，英国伦敦，1834—1836年新版。

约翰·斯蒂芬森（1790—1864），毕业于爱丁堡大学，是林奈学会会员，他的著作还有《药用动物学》和《矿物学》。詹姆斯·莫尔斯·丘吉尔（1796—1863），英国皇家外科医师学会成员和伦敦药用植物学会会员。《药用植物学》一书副标题为“伦敦、爱丁堡和都柏林药典中药用植物的图鉴和说明，以及大不列颠本土所有有毒蔬菜的通俗和科学表述”，内容顾名思义。

安息香树（拉丁名：*Styrax benzoin*），安息香科安息香属乔木，原产于印度尼西亚的苏门答腊岛，是可用于生产安息香树脂的树木的一种。此外还有越南安息香（*Styrax tonkinensis*）、平行脉安息香（*Styrax paralleloneurus*）等。安息香树高10—20米，树皮绿棕色。叶互生，长卵形。总状或圆锥花序腋生及顶生，花萼短钟形，花冠5深裂，花萼及花瓣外面被银白色丝状毛，内面棕红色。果实扁球形，灰棕色。种子坚果状，红棕色。树干经自然损伤或于夏、秋二季割裂流出树脂，收集阴干后就是香料“安息香”了。

西域高僧佛图澄于西晋晋怀帝永嘉四年（310）来到中国的首都洛阳。《晋书·艺术列传》载：佛图澄“自云百有余岁，常服气自养，能积日不食，善诵神咒，能役使鬼神”。数年间中原战乱，佛图澄投奔了石勒，此时石勒屯兵襄国城（今河北邢台），“襄国城堑水源在城西北五里，其水源暴竭，勒问澄何以致水，澄曰：‘今当敕龙取水。’乃与弟子法首等数人至故泉源上，坐绳床，烧安息香，咒愿数百言。如此三日，水泫然微流，有一小龙长五六寸许，随水而来，诸道士竞往观之。有顷，水大至，隍堑皆满”。

这一段描写绘声绘色，佛图澄的法力竟至于可以“敕龙取水”，可谓神奇。同时，这也是“安息香”第一次出现在汉语文献之中。关于“安息香”名称的由来，李时珍在《本草纲目》中写道：“此香辟恶，安息诸邪，故名。或云：安息，国名也。梵书谓之拙贝罗香。”所谓国名，即指伊朗高原的古国帕提亚，也称作安息帝国。汉武帝遣使至安息，两国正式建立了外交关系。所谓“拙贝罗香”，是安息香的梵语名称 guggula 的音译。

包括日本学者山田宪太郎和美国汉学家薛爱华在内的一些学者认为，这种安息香乃是返魂树的胶脂。薛爱华在《撒马尔罕的金桃》一书中写道：“在唐代以前，安息香是指广泛用作乳香添加剂的芳香树脂或返魂树胶脂……四世纪时，以创造奇迹著称的术士佛图澄在祈雨仪式中使用了‘安息香’，这里说的安息香是指返魂树脂。这是在中国最早提到安息香的记载。五、六世纪时，安息香来自突厥斯坦的佛教诸国，其中尤其是与犍陀罗国关系密切。这时对于中国人来讲，犍陀罗不仅是佛教教义的主要来源地，而且也是香料的主要供给国——虽然犍陀罗只是作为有利可图的香料贸易中的中间人来向中国供给香料的（因为犍

《石勒问道图》（局部），旧传宋末元初钱选绘，明代，纸本设色长卷，美国弗利尔美术馆藏。

钱选（约 1239—约 1300），字舜举，号玉潭，又号巽峰、霅川翁、清癯老人、习懒翁等，吴兴（今浙江湖州）人。南宋进士，入元不仕，流连诗画以终。擅人物、山水、花鸟、鞍马、蔬果，不拘一家之法。人品、画品皆称誉当时，“吴兴八俊”之一，与赵孟𫖯齐名。此卷旧传为钱选作品，大约是明人模仿钱选风格所绘。

石勒（274—333），字世龙，上党武乡（今山西榆社）羯族人，十六国时代后赵开国皇帝，为后赵明帝。他的一

生颇为传奇，先后事汉赵刘渊、刘聪及前赵刘曜，从一个奴隶成长为一代开国皇帝。他在位时重视文教，礼贤下士，颇为亲近汉文化，喜听儒生讲史。另一方面，他对待佛教也持开放尊崇态度。此图描绘的是石勒礼拜西域高僧佛图澄的场景。这是佛教僧侣在中国第一次被尊为皇帝之师，此时也是佛教在中国第一次为最高统治者所信仰而成为“国教”。在后赵两朝皇帝石勒和石虎的厚待下，佛图澄建造佛寺多达八百九十三座，收弟子数千人。不过焚安息香“敕龙取水”的故事也只是传说罢了。

陀罗地区不可能是香料的原产地)。而且,'Gandhāra'(犍陀罗)这个名字的意译就正是'香国'。犍陀罗曾经是安息国版图的一部分,所以用'安息'王朝的名称来命名这种从曾经由安息统治的犍陀罗地区传来的香料,当然是顺理成章的事情。"

不过,薛爱华所说的"返魂树"却是古代中国一种传说中的神树,对这种神树的描述出自托名西汉著名文学家东方朔所著的《海内十洲记》一书。据该书的记载,西海中有聚窟洲,"洲上有大山,形似人鸟之象,因名之为神鸟山。山多大树,与枫木相类,而花叶香闻数百里,名为反魂树。扣其树,亦能自作声,声如群牛吼,闻之者皆心震神骇。伐其木根心,于玉釜中煮,取汁,更微火煎,如黑饧状,令可丸之。名曰惊精香,或名之为震灵丸,或名之为反生香,或名之为震檀香,或名之为人鸟精,或名之为却死香。一种六名,斯灵物也。香气闻数百里,死者在地,闻香气乃却活,不复亡也。以香熏死人,更加神验"。

该书又称征和三年(前90),"西胡月支国王遣使献香四两,大如雀卵,黑如桑椹"。到了后元元年(前88),"长安城内病者数百，亡者大半。帝试取月支香烧之于城内，其死未三月者，皆活。芳气经三月不歇，于是信知其为神物也”。李时珍在《本草纲目》中评论道：“此说虽涉诡怪，然理外之事，容或有之，未可便指为谬也。”

返魂树和返魂香到底存在与否，迄今并无定论，因此山田宪太郎和薛爱华所谓的安息香即返魂树的胶脂之说大为可疑，倒是劳费尔的观点更为客观。在《中国伊朗编》一书中，劳费尔写道：“中国人叫作‘安息香’的东西是两种不同香料合成的：一种是伊朗地区的古代产物，至今还没鉴定；一种是马来亚群岛的一种小安息香树 *Styrax benjoin* 所产的。这两种必须截然加以区别。而且必须了解原来是指一种伊朗香料的古代名称，后来在伊朗停止输入时，就转用在马来亚的产品。”

由此可知，古代中国所称的安息香最早确是来自伊朗，也就是帕提亚香；但当伊朗的安息香因为某种原因停止从陆上丝绸之路输入时，马来亚群岛的安息香开始从海上丝绸之路继续输入。这是一幅生动的海陆大通道的图景，陆上丝绸之路和海上丝绸之路在安息香的输入问题上显示了

《返魂香》，小松轩绘，木版画，1765年，美国波士顿艺术博物馆藏。

这是一幅双联画浮世绘。小松轩（1720—1794），又称小松屋百龟，日本江户时代中期的戏作（一种流行小说）家、浮世绘师。当时将和历（日本历）的大小月份变化用各种图案和文字精心设计而成的"绘历"开始在上层人物间流行。明和二年（1765），大久保巨川主持举办绘历赛会，小松轩与铃木春信等人一起为大久保巨川制作了一批多色套印绘历，大获成功，为锦绘的诞生做出了很大贡献。

这幅《返魂香》就是当时被追捧的彩色绘历中的一幅。标记月份的数字被巧妙隐藏在人物衣袍的图案中。画面描绘的是汉武帝和他的宠妃李夫人的故事。据《汉书·外戚传》，李夫人死后，"上思念李夫人不已，方士齐人少翁言能致其神。乃夜张灯烛，设帷帐，陈酒肉，而令上居他帐，遥望见好女如李夫人之貌，还幄坐而步。又不得就视，上愈益相思悲感，为作诗曰：'是邪，非邪？立而望之，偏何姗姗其来迟！'令乐府诸音家弦歌之。上又自为作赋，以伤悼夫人"。左幅是焚香伫立的皇帝，右幅于渲染出的淡淡烟霭中现出一个盛装美人。二人遥相凝睇，为生死永隔悲伤不已。

在中国和日本的传说中，返魂香是具有起死回生之效的香料，"香气闻数百里，死者在地，闻香气乃却活"，烟雾可召回逝者的亡灵。在很早的时候，通过香料贸易，来自中国的返魂香传说就被带到了日本，日本最早的长篇小说《源氏物语》中就有关于返魂香的记载。

它们的互补性。

薛爱华在《撒马尔罕的金桃》一书中也写道："安息香内容的这种变化……说明了以叙利亚和伊朗的香料贸易的衰退作为代价的，印度群岛的产品在中世纪中国经济生活中的日益增长的重要性。正是由于这种变化的结果，唐代汉文史料中对安息香的记载完全是模棱两可的，因为这时将西域和南海的香料都称作安息香，而且二者的用途似乎又都是相同的。"

薛爱华说的一点儿没错，李时珍在《本草纲目》中引唐代药学家苏敬（后避讳改为苏恭）的话说："安息香出西戎，状如松脂，黄黑色，为块。"又引五代学者李珣的话说："生南海、波斯国，树中脂也，状若桃胶，秋月采之。"西戎（波斯）和南海正是安息香的两大产地。

最有名的记载出自晚唐段成式所著《酉阳杂俎》一书，他在书中描述道："安息香树，出波斯国，波斯呼为辟邪树，长三丈，皮色黄黑，叶有四角，经寒不凋。二月开花，黄色，花心微碧，不结实。刻其树皮，其胶如饴，名安息香。六七月坚凝，乃取之。烧通神明，辟众恶。"

劳费尔对这一段描述提出了质疑："我虽不是植物学家，我却不能相信这段描写是指安息香树。此属的植物只有小树，从来到不了三丈高，花是白色而非黄色。而且，我不信这里所讨论的是波斯植物。"薛爱华则认为段成式"在这里所指的应该就是最初的帕提亚香，即返魂树胶脂"。

以上即为安息香传入中国的两条路线。唐代之后，"南香"取代了"西香"，印度尼西亚和越南的安息香开始通过海上丝绸之路输入中国，应用于中医和佛教法事，逐渐融入了中国人的日常生活。

即使到了南宋末年，安息香辟邪的神秘寓意仍然没有消失。成吉思汗的大臣耶律楚材的侄子生了重病，"侄淑卿疾作，索安息香于余，欲辟邪也。将谓汝是个中人，犹有这个在，因作香方偈以遗之"。其偈曰："我有一香香，秘之不敢说。心生种种法生，心灭种种法灭。退身一念未生前，此是真香太奇绝。邪神恶鬼永沉踪，外道天魔皆胸裂。"耶律楚材热情地讴歌了安息香的神秘疗效。

安息香也是佛教中最著名的香料之一。唐代高僧义净所译《金光明最胜王经·大辩才天女品第十五之一》中写道：

“诸有智者，应作如是洗浴之法。当取香药三十二味，所谓：菖蒲（跋者）、牛黄（瞿卢折娜）、苜蓿香（塞毕力迦）、麝香（莫迦婆伽）、雄黄（末奈眵罗）、合昏树（尸利洒）、白及（因达啰喝悉哆）、芎䓖（阇莫迦）、狗杞根（苫弭）、松脂（室利薜瑟得迦）、桂皮（咄者）、香附子（目窣哆）、沉香（恶揭噜）、栴檀（栴檀娜）、零凌香（多揭罗）、丁子（索瞿者）、郁金（茶矩么）、婆律膏（揭罗娑）、苇香（捺刺柁）、竹黄（鹘路战娜）、细豆蔻（苏泣迷罗）、甘松（苫弭哆）、藿香（钵怛罗）、茅根香（嗢尸罗）、叱脂（萨洛计）、艾纳（世黎也）、安息香（窭具攞）、芥子（萨利杀跛）、马芹（叶婆你）、龙花须（那伽鸡萨罗）、白胶（萨折罗婆）、青木（矩瑟侘）皆等分。以布洒星日，一处捣筛，取其香末，当以此咒咒一百八遍。”

括号中是各种香料的梵语名称。这殊胜的三十二味香药，有的还会在本书后面陆续谈到，因此此处仅罗列名称。

乳香

来自东方、庆贺耶稣诞生的神圣香料

58
7
8
10
9
2
1
3
4
6
5
D.Blair F.L.S. ad nat del et lith.
M&N Hanhart imp
BOSWELLIA CARTERII, Birdwood.

“卡氏乳香树”，出自《药用植物》第一卷，罗伯特·本特利、亨利·特里门著，大卫·布莱尔绘，英国伦敦，1880年出版。

罗伯特·本特利（1821—1893），十九世纪英国植物学家、伦敦林奈学会会员、伦敦国王学院的植物学教授。他最知名的作品即与亨利·特里门（1843—1896，英国植物学家，达尔文的朋友）共同出版的四卷本《药用植物》，图解三百零六种主要的药用植物，并详细说明其形态、性状和药用价值。

乳香（frankincense）是一种由橄榄科乳香树属植物分泌的芳香树脂。卡氏乳香树（拉丁名：*Boswellia carterii*）是生产乳香的主要树种，也称索马里乳香树，十九世纪八十年代与阿拉伯乳香树（*Boswellia sacra*）合并为同一物种。此外波叶乳香树（*Boswellia frereana*）、齿叶乳香树（*Boswellia serrata*）和纸皮乳香树（*Boswellia papyrifera*）等也用来生产乳香树脂。

卡氏乳香树为矮小灌木，树干粗壮，树皮光滑，淡棕黄色，纸状，粗枝的树皮为鳞片状，逐渐剥落。叶互生，密集或于上部疏生，单数羽状复叶，小叶对生，无柄，长卵形，边缘有不规则的圆齿裂。花小，排列成稀疏的总状花序，花萼杯状，花瓣5片，淡黄色，苞片卵形。蒴果倒卵形，有三棱，每室具种子1枚。原产于阿拉伯半岛和非洲之角，大约8—10年树龄开始生产树脂。割开纸一般薄的乳香树皮，树脂便垂滴如乳，接触空气后变硬，成为黄色微红的半透明凝块，即为乳香。

乳香是橄榄科植物乳香木及其同属植物产出的含有挥发油的芬芳树脂。关于这种树脂的原产地以及得名由来，薛爱华在《撒马尔罕的金桃》一书中有详细的辨析："'frankincense'（乳香）或称'olibanum'，是一种南阿拉伯树以及与这种树有亲缘关系的一种索马里树产出的树脂。这种树脂在中国以两种名称知名，一种可以追溯到公元前三世纪，是从梵文'kunduruka'翻译来的'薰陆'；这种树脂的另外一种名称是形容其特有的乳房状的外形的，这个名称叫作'乳香'（teat aromatic）。无独有偶，普林尼也就其乳状描述过这种香。他说：'然而，这种香料在所有香料中是最受敬重的，它的外形就像是幼鲟或是乳房。当接住一滴（树脂）时，紧接着就会有另一滴滴在它上面，然后结为一体。这样就形成了这种乳状的香料。’”

“薰陆”之名正是梵语“kunduruka”的译音，也译作“君杜噜”“杜噜”等。辽代高僧觉苑所著《大日经义释演密钞》中解释说：“薰陆者，出于西方，即树胶。夏天日炙，镕滴沙中，在地有香，谓之薰陆。”这只不过是望文生义的解释而已。不过，薛爱华说薰陆其名“可以追溯到公元前三世纪”，这个说法是错误的，应该是公元三世纪，因为最早的文献记载出自三国时期魏国郎中鱼豢所著《魏略》一书。该书早已亡佚，但南朝宋学者裴松之在为《三国志》所作的注中，大量引用了《魏略》的内容。据《魏略·西戎传》，大秦国出产包括薰陆、苏合、郁金、白附子等在内的十二种香。大秦是古代中国对罗马帝国的称呼，由此也可知薰陆传入古代西方世界的时间要远远早于中国，以至于《魏略》把原产于南阿拉伯半岛和索马里地区的薰陆当成了古罗马帝国的物产。

事实也正是如此，薛爱华引述的古罗马历史学家老普林尼的描述出自后者所著的《自然史》一书，该书完成于公元一世纪，也就是说，至迟在公元一世纪的时候，乳香就已经传入了古罗马帝国，比传入中国至少早了两个世纪。

在古希腊哲学史家第欧根尼·拉尔修的描述中，乳香传入古希腊的时间更早，甚至早到公元前六世纪！他在《名哲言行录》一书中叙述公元前六世纪古希腊著名哲学家毕达哥拉斯的事迹时写道："他常通过声响和鸟迹来进行占卜，占卜时除了点乳香以外，从不献任何的燔祭。"燔祭指用火烧兽类作为献祭。

古希腊历史学家希罗多德在完成于公元前五世纪的《历史》一书中多次提到乳香，那是他在埃及的旅行过程中经常看到的东西。比如他描述埃及人用牛祭神，"把牛的身体内部装满了干净的面包、蜂蜜、葡萄干、无花果、乳香、没药以及其他香料"，然后用火烧烤。他还写到木乃伊的腹中填充了没药、桂皮和乳香等林林总总的香料。希罗多德还记载了乳香树被羽蛇（也就是长着翅膀的毒蛇）守护，任何想要偷走树脂的人都会被羽蛇杀死的道听途说。

乳香也是犹太教圣殿中所燃的香料之一，《旧约》中屡屡出现乳香的身影，比如《利未记》中写道："若有人献素祭为供物给耶和华，要用细面浇上油，加上乳香，带到亚伦子孙作祭司的那里。祭司就要从细面中取出一把来，并取些油和所有的乳香，然后要把所取的这些作为纪念，烧在坛上，是献与耶和华为馨香的火祭。"

而在《新约·马太福音》中，乳香更是神圣之物。当耶稣出生在犹太的伯利恒的时候，"有几个博士从东方来到耶路撒冷"，要去拜见耶稣，他们"进了房子，看见小孩子和他母亲马利亚，就俯伏拜那小孩子，揭开宝盒，拿黄金、乳香、没药为礼物献给他"。这一记载也说明，乳香确实是从东方传入的。

2000年，联合国教科文组织把"乳香之路"收录于世界遗产名录。所谓"乳香之路"，是指从盛产乳香的也门、阿曼一带经由陆路或海路到达埃及、地中海沿岸的大通道，而位于今也门境内的示巴王国是乳香的最大集散地。《旧约·列王纪上》中记载："示巴女王听见所罗门因耶和华之名所得的名声，就来要用难解的话试问所罗门。跟随她

《麦琪之旅》（东墙），贝诺佐·戈佐利绘，湿壁画，意大利佛罗伦萨美第奇—里卡迪宫的麦琪教堂，约1459—1461年。

贝诺佐·戈佐利（Benozzo Gozzoli，1420—1497），文艺复兴时期佛罗伦萨画家，主要活跃在托斯卡纳地区，以描绘十五世纪生活的装饰性挂毯式壁画闻名，《麦琪之旅》是他最重要的作品，也是美第奇家族礼拜堂的镇馆之宝。选取的这幅是壁画的第一部分，也是最著名的部分。

“麦琪”指《圣经》中的“东方三贤士”，“麦琪之旅”又称为“三贤士朝圣”或“三王来朝”，是基督教绘画中的常见题材。据《新约·马太福音》，当耶稣诞生于耶路撒冷以南的伯利恒时，三位来自东方的贤王带着黄金、乳香、没药等礼物前来朝拜。美国学者奚密在《香：文学·历史·生活》一书中认为，它们象征耶稣的三重身份：黄金象征万王之王，乳香象征无上之神，而没药象征凡人肉身。这幅宏伟的壁画描绘了浩浩荡荡的朝圣队伍沿着曲折的山路逶迤行进。人物个个衣着光鲜，装扮华丽，画中的山石树木如同舞台布景，戏剧性地衬托出人物的优雅光辉。画家将整个美第奇家族都画进了朝圣者的行列，画家自己也入了画。图像右侧的骑士高举着金色香盒，其中盛放着珍贵香料。在文艺复兴时期，香料是欧洲人梦寐以求的奢侈品。

到耶路撒冷的人甚多，又有骆驼驮着香料、宝石和许多金子。她来见了所罗门王，就把心里所有的对所罗门都说出来。所罗门王将她所问的都答上了，没有一句不明白，不能答的。”然后示巴女王称赞所罗门：“我在本国里所听见论到你的事和你的智慧实在是真的。”最后，她与所罗门互赠礼物而返。示巴女王到达耶路撒冷，走的就是这条“乳香之路”。

乳香传入印度后，立刻成为佛教中烧香供养的珍品。北宋高僧释法天所译《佛说一切如来乌瑟腻沙最胜总持经》中写道:“作四方曼拏罗,以白花散上,燃酥灯四盏安坛四隅,焚沉香、乳香，满钵盛阏伽水，复用白花作鬘。以此总持或安塔中或功德像中安于坛上，持诵之人以左手按坛右手持数珠，一日三时诵此总持二十一遍加持水三合以自饮之，能消诸病延寿百年，解诸冤结得妙音声获无碍辩，生生常得宿命神通。”

北宋高僧天息灾所译《大方广菩萨藏文殊师利根本仪轨经》中也写道：“若以酥蜜酪和合粳米作护摩，得夜叉调伏；又降伏夜叉用安悉香作丸，搵酥蜜酪护摩得成就；若降伏乾闼婆用乳香作护摩；降饿鬼用吉祥香作护摩；若紧曩罗用娑哩惹啰娑香作护摩；若为一切各各作障难，各逐所用物八百作护摩，满七日当得除灭。”

“护摩”乃焚烧之意。夜叉是一种形象丑陋的吃人恶鬼，焚烧酥蜜酪和粳米即可降伏，也可以焚烧安息香丸和酥蜜酪降伏；乾闼婆是乐神，焚烧乳香即可降伏；吉祥香是香料制成的细小香棍，焚烧之即可降伏饿鬼；紧曩罗是歌神，焚烧娑哩惹啰娑香即可降伏；若要破除一切障难，则焚烧所用的香料八百，七天后障难即可除灭。

中国的乳香显然是经印度输入的，由“薰陆”的梵语名称即可知。之所以又称之为“乳香”，北宋学者沈括在《梦溪笔谈·药议》中解释说：“薰陆即乳香也。本名薰陆，以其滴下如乳头者，谓之乳头香；熔塌在地上者，谓之塌香。”这一解释与前述普林尼的解释完全相同。

古代中国人为这种外来的乳香添加了许多既怪诞又有趣的传说。宋代大型类书《太平御览》引述了东晋葛洪所著《抱朴子》的佚文：“俘焚洲在海中，薰陆香之所出。薰陆香，木胶也。树有伤穿，胶因堕，夷人采之，以待估客。所以贾不多得者，所患猪掘兽啖之。此兽斫刺不死，投火中，

《菩萨焚香图》，佚名绘，河南省温县慈胜寺壁画，约951—953年，美国纳尔逊-阿特金斯艺术博物馆藏。

河南省温县慈胜寺始建于唐代贞观年间，北宋末毁于战乱，元代重修。现存建筑多为元代遗存。这两尊菩萨原为该寺彩绘壁画的一部分，被人盗取后流入西方，该博物馆认为描绘的是密宗佛教的焚香仪式。

画面上两尊菩萨立于几案前，案上陈列着精致的香炉香盒等器物。右侧的菩萨双手捧起饰有仙鹤的炉盖，左侧的菩萨弯腰伸手，似乎正在将香料添入香炉。右端可见另一执珍宝之菩萨手。画中菩萨体态丰腴，面容圆润，眉目清秀，举止优雅，身形婀娜，遍体璎珞。细腻的彩绘和流畅的线描表现出头光之玲珑剔透，手指之纤长优美，衣带之轻柔飘举，技法高超娴熟，令人赞叹。造型精致繁复的香炉和带盖的梅花状香盒被认为带有唐代银器风格。晚唐五代时合香之风已盛行，宋人的调香技术更是臻于精妙。炉中所焚的香饼或香丸很可能是以沉香、白檀香、乳香、龙脑香等原料调和而成，令其香气清幽绵长。

薪尽不焦。以杖打之，皮不伤而骨碎，然后乃死。”

这种叫作“猪（jí）掘”的野兽身上不长毛，专门吃薰陆香，刺不死，烧不焦，只有用杖击打，才会骨碎而死。这一记载声称海中的俘焚洲出产薰陆，也正是乳香经由南方的海路传入中国的明证。

西晋学者嵇含所著《南方草木状》中写道：“薰陆香出大秦，在海边有大树，枝叶正如古松，生于沙中，盛夏，树胶流出沙上，方采之。”这两处记载都出自晋代，为三国时期传入的时间表添加了有力的注脚。

同乳香在印度的功用相同，唐代时乳香在中国也主要用于焚香。从唐代中期开始，陆上丝绸之路因战乱受阻，海路取代陆路成为中外贸易的主要通道。唐玄宗天宝年间，管辖南海诸岛的万安州就出现了一个大海盗冯若芳。日本文学家真人元开于779年所著的《唐大和上东征传》一书，讲述了著名僧人鉴真东渡日本传播佛教的事迹。该书记载，天宝七年（748）冬十一月，鉴真东渡日本，在海中遇大风，漂流至海南岛振州（今三亚），一年后北上，到达万安州，此时万安州的大首领就是冯若芳，“若芳每年常劫取波斯舶三二艘，取物为己货，掠人为奴婢”，活脱脱一副大海盗的形象。

不过，冯若芳对鉴真执礼甚恭，“若芳请住其家，三日供养”。鉴真看到的是：“若芳会客，常用乳头香为灯烛，一烧一百余斤。其宅后苏芳木露积如山，其余财物，亦称此焉。”显然，冯若芳会客所烧的乳头香即为劫取波斯船的货物而来。

六世纪时，阿拉伯半岛出现了大规模的沙漠化现象，“乳香之路”就此衰落。而到了中国宋代的十一世纪时，海上丝绸之路空前繁盛起来，阿曼至泉州、广州的航线因为大量输入乳香，所以也被称为“海上乳香之路”。宋太宗的八世孙、南宋学者赵汝适曾担任福建路市舶司提举，后来又兼任泉州市舶使，他广泛采访来自阿拉伯地区的商人写成的《诸蕃志》一书，是研究宋代海上交通以及贸易的重要文献。

《诸蕃志》中有“乳香”一条，对输入中国的乳香有着详细的描述：“乳香，一名熏陆香，出大食之麻啰、拔施、曷奴发三国深山穷谷中。其树大概类榕，以斧砍株，脂溢于外，结而成香，聚而成块。以象辇之至于大食，大食以舟载易他货于三佛齐，故香常聚于三佛齐。番商贸易至，舶司视香之多少为殿最。而香之为品十有三：其上者为拣香，圆大如指头，俗所谓‘滴乳’是也；次曰瓶乳，其色亚于拣香；又次曰瓶香，言收时贵重之，置于瓶中。瓶香之中，又有上、中、下三等之别。又次曰袋香，言收时止置袋中。其品亦有三，如瓶香焉。又次曰乳榻，盖香之杂于砂石者也；又次曰黑榻，盖香色之黑者也；又次曰水湿黑榻，盖香在舟中为水所浸渍而气变、色败者也。品杂而碎者曰斫削，簸扬为尘者曰缠末，皆乳香之别也。”

由这一记载可知，经阿曼而来的乳香以三佛齐（苏门答腊岛南部最大港口）为集散地，大量输入中国，其等级竟至于十三种之多！北宋一朝，皇帝大多好道，比如真宗、徽宗。北宋学者洪刍所著《香谱》记载，宋真宗祥符初年，“道场科醮无虚日，永昼达夕，宝香不绝”。“科醮（jiào）”指道教的打醮、斋戒、焚香等仪式。而“在宫观密赐新香，动以百数”。这就是宋代开始乳香大量输入中国的原因所在，它乃是道教所必需的仪式用香。至于明代郑和下西洋花费巨资购置的乳香等香料就更是不可胜计了。

沉香

散发着宗教和美人的双重香气

“沉香树”，出自《伦敦林奈学会会刊》第二十一卷，理查德·基普斯特绘，1875年出版。

伦敦林奈学会是世界上现存最古老的生物学会，致力于研究和传播有关自然历史、进化论和分类学的知识，拥有很多重要的生物标本、手稿和文献馆藏，并出版众多生物学的学术期刊和书籍。

“沉香树”（拉丁名：*Aquilaria agallocha*）这个物种的发表者是威廉·罗克斯伯勒（1751—1815），一位苏格兰外科医生和植物学家，他在印度从事经济植物学研究，出版了很多关于印度植物学的著作，被称为“印度植物学之父”，许多物种都是由他的名字命名的。沉香树是瑞香科沉香属植物，原产于东南亚热带地区。树高6—20米，常绿乔木。叶互生，先端渐尖，全缘。花数朵组成伞形花序，小花白色，芳香。果实为长2.5—3厘米的木质蒴果。沉香属与拟沉香属（*Gyrinops* Gaertn.）都是珍贵香料“沉香木”的来源，尤其是马来沉香（*Aquilaria malaccensis*）。中国也有两种沉香属植物，即土沉香（*Aquilaria sinensis*）和云南沉香（*Aquilaria yunnanensis*），主要分布于海南、广东、广西、云南等地。

唐代最伟大的诗人李白作有《清平调词三首》，之一：“云想衣裳花想容，春风拂槛露华浓。若非群玉山头见，会向瑶台月下逢。”之二：“一枝红艳露凝香，云雨巫山枉断肠。借问汉宫谁得似，可怜飞燕倚新妆。”之三：“名花倾国两相欢，长得君王带笑看。解释春风无限恨，沉香亭北倚阑干。”

《全唐诗》中，这三首诗的前面有一篇长长的题注，全文为：“天宝中，白供奉翰林。禁中初重木芍药，得四本：红、紫、浅红、通白者，移植于兴庆池东沉香亭。会花开，上乘照夜白，太真妃以步辇从，诏选梨园中弟子尤者，得乐一十六色。李龟年以歌擅一时，手捧檀板，押众乐前，欲歌之。上曰：‘赏名花，对妃子，焉用旧乐词！’遂命龟年持金花笺宣赐李白，立进清平调三章。白承诏，宿醒未解，因援笔赋之。龟年歌之。太真持颇梨七宝杯，酌西凉州蒲萄酒，笑领歌词，意甚厚。上因调玉笛以倚曲，每曲偏将换，则迟其声以媚之。太真饮罢，敛绣巾重拜。上自是顾李翰林尤异于诸学士。”

“木芍药”指牡丹，隋唐之前并无“牡丹”之名，而是称作“木芍药”。“照夜白”是骏马的名字，产于西域，雪白而高大。“酲（chéng）”指病酒，酒醒后仍然神志不清，就像生病了一样。李白头夜喝得烂醉如泥，第二天酒犹未醒，这就叫“宿酲未解”。杨贵妃号太真，是西凉葡萄酒的忠实拥趸，她饮酒所用的酒杯乃是玻璃七宝杯，常人可用不起。

李白在“宿酲未解”的状态下仍然能够写出流传千古的香艳之辞，不愧为大诗人，其中“沉香亭北倚阑干”更是对杨贵妃倚着栏杆饮酒的白描。沉香亭，顾名思义，就是用沉香木建成的亭子。

杨贵妃的族兄、宰相杨国忠则有一座“四香阁”。五

（前页插图）《长恨歌图》卷上（局部），狩野山雪绘，绢本工笔重彩长卷，十七世纪，爱尔兰切斯特 · 比替图书馆藏。

狩野山雪（1590—1651），日本江户时代早期狩野派画师，自号蛇足轩、桃源子、松柏山人，活跃于十七世纪上半叶的京都。此故事长卷《长恨歌图》以白居易《长恨歌》为蓝本，描绘了唐明皇与杨贵妃凄美的爱情故事。其中的女性形象比较接近明代江南的仕女画。

以容貌丰丽闻名的唐代美人杨贵妃以及她和唐明皇的爱情故事是深受日本画家喜爱的题材，仅狩野派画家就绘制过相当多与此相关的故事画，李杨二人并座吹笛的情景在江户时代浮世绘作品中也屡见不鲜。这一段画卷描绘二人日以继夜的恩爱欢愉。“后宫佳丽三千人，三千宠爱在一身。金屋妆成娇侍夜，玉楼宴罢醉和春。”画中一座装饰华丽的水边亭台，唐明皇与杨贵妃在珠围翠绕中饮酒作乐。从栏外盛开的木芍药来看，此情此景也暗用了李白的诗句“名花倾国两相欢，长得君王带笑看。解释春风无限恨，沉香亭北倚阑干”。朱红的栏杆与秾丽的鲜花烘托出宫廷的奢华与二人热烈的恋情。

代王仁裕所著《开元天宝遗事》载："国忠又用沈香为阁，檀香为栏，以麝香、乳香筛土和为泥饰壁。每于春时，木芍药盛开之际，聚宾客于此阁上赏花焉。禁中沈香之亭，远不侔此壮丽也。""沉香"也写作"沈香"，"沉"和"沈"是通假字。这是说唐玄宗的沉香亭远远比不上杨国忠的四香阁。

无独有偶，对沉香亭的喜爱并不仅仅限于唐玄宗和杨国忠。《旧唐书·敬宗本纪》载："波斯大商李苏沙进沉香亭子材，拾遗李汉谏云：'沉香为亭子，不异瑶台、琼室。'上怒，优容之。"因为李汉的进谏，唐敬宗没敢建成沉香亭。

薛爱华在《撒马尔罕的金桃》一书中对此质疑道："世上竟然有大得足以用来作为建筑用材的沉香木，似乎令人难以置信。"薛爱华之所以有这样的疑问，是因为生长于热带地区的沉香木较为松软，而且几乎没有特殊的香味。因此薛爱华合理地猜测道："虽然沉香属的无病害木并不是真正的'沉香'，但是这种木材刚刚采伐下来时，也有一些芳香的味道，而且有些部分地掺入了树脂的无病害木段甚至还可以当成焚香来使用。或许构建这些奢华的建筑物所用的‘沉香木’，就正是这种较为健康，但香味较少的木料做成的板材。”

缺乏植物学常识的读者可能并不完全理解薛爱华的这段话。原来，沉香木这种木材受到诸如雷击、虫噬、砍伐甚至自然死亡的伤害时，出于自我保护的目的会在伤口处分泌油脂，这些油脂与木质的混合物就是沉香。

古代中国最早记载沉香的文献是西晋学者嵇含所著的《南方草木状》一书：“交趾有蜜香树，干似柜柳，其花白而繁，其叶如橘。欲取香，伐之，经年，其根干枝节各有别色也。木心与节坚黑，沉水者为沉香，与水面平者为鸡骨香，其根为黄熟香，其干为栈香，细枝紧实未烂者为青桂香，其根节轻而大者为马蹄香，其花不香，成实乃香，为鸡舌香。珍异之木也。”

嵇含认为这八种香同出一树。在他的描述中，将蜜香树砍伐下来后，要放置一年或若干年，等它发生病害之后，方才能够结香。沉香因此又称“蜜香”。之所以叫“沉香”，“沉水者为沉香”，沉香的密度较高，能够完全沉入水底或者半浮半沉。记载南朝史事的《南史·夷貊传》中解释说：“林邑国……沉木香者，土人斫断，积以岁年，朽烂而心节独在，置水中则沉，故名曰沉香，次浮者栈香。”

交趾位于今越南北部，汉武帝时置交趾郡；林邑是象林之邑的简称，位于今越南中部，汉代时置象郡象林县。由嵇含和《南史》的记载可知，原产于东南亚热带地区的沉香，至迟在西晋时即已经由越南输入中国。

《世说新语·汰侈》中讲述了东晋权臣王敦的一则趣事：“石崇厕，常有十余婢侍列，皆丽服藻饰。置甲煎粉、沈香汁之属，无不毕备。又与新衣着令出，客多羞不能如厕。王大将军往，脱故衣，着新衣，神色傲然。群婢相谓曰：‘此客必能作贼。’”

甲煎粉之“甲”，是指一种螺类介壳口圆片状的盖，又称为“厣（yǎn）”。这种螺属于腹足纲软体动物，东南沿海和南海均有出产，甲壳里的肉味道鲜美。厣单独烧的时候很臭，但是跟沉香、麝香等一起烧的时候则会散发出更香的香气，故称“甲香”。甲煎粉就是这样制成的香粉，可作口脂。从这个故事可知，在晋代的时候，沉香还只是像石崇这样的富豪之家才用得起的奢侈品。

到了唐代，沉香更是备受人们喜爱，同时，它的梵语名字“阿迦卢”（Agaru）也开始流行，因此沉香又名“阿迦香”。据薛爱华说，“从这个（梵文）名称中衍生出了许多英文的同义词”。薛爱华又说：“在中世纪中国的礼仪大典和个人生活中，沉香都是一种非常重要的香材。”

署名唐人冯贽所著的《云仙杂记》一书中有“金凤凰”一条：“周光禄诸妓，掠鬓用郁金油，傅面用龙消粉，染衣以沈香水。月终，人赏金凤凰一只。”用沉香制成的香水染衣，显然是为客人助情之用，因此才会被赏赐一只金凤凰。顺便说一下，冯贽这个人很有意思，谁都不知道他的身世，在他辑录的《云仙杂记》中，他自称家里藏了很多异书，于是把这些异书里的异说取其精华攒成了这本书，但是书里引用的大部分异书的书名，任何有学问的人都没有听说过，任何书上也都没有提到过。而且记事造词，全都像出自一人之手，根本不像他所宣称的出自很多异书。因此有学者考证说冯贽这个人根本不存在，是别人托名冯贽伪造了这本书。

与冯贽莫须有的“染衣以沈香水”相比，唐高宗时著名的传奇小说家张鷟（zhuó）的描述就比较靠谱了。他在《朝野佥载》一书中记载了武则天时的宰相宗楚客的一则逸事：“宗楚客造一新宅成，皆是文柏为梁，沉香和红粉以泥壁，开门则香气蓬勃。磨文石为阶砌及地，着吉莫靴者，行则仰仆。楚客被建昌王推得赃万余贯，兄弟配流。太平公主就其宅看，叹曰：‘看他行坐处，我等虚生浪死。’”

“文柏”指纹理鲜明的柏树，“文石”指纹理鲜明的石头，“吉莫靴”指用同州（今陕西省渭南市大荔县）所产的一种带皱纹的吉莫皮制成的靴子。宗楚客之穷奢极欲，连权倾一时的太平公主看过之后都感叹自己白活了。而且宗楚客的“沉香和红粉以泥壁”直开唐玄宗的沉香亭和杨国忠的四香阁之先河，可见唐代时高官贵族们对沉香的着迷程度。

到了宋代，人们对沉香的鉴赏和分类更加精细。北宋学者蔡絛所著《铁围山丛谈》中将沉香分为熟结、脱落、生结、蛊漏四种。“谓之‘熟结’，自然其间凝实者也。”非外力所为，自然凝结而成的沉香称为“熟结”。“谓之‘脱落’，因木朽而解者也。”沉香木因为朽烂而形成的沉香称为“脱落”。“谓之‘生结’，人以刀斧伤之，而后膏脉聚焉，故言生结也。”沉香木被人砍伐，伤口处聚结而成的沉香称为“生结”。“谓之‘蛊漏’，虫啮而后膏脉亦聚焉，故言蛊漏也。”虫噬后聚结而成的沉香称为“蛊漏”。

蔡絛又说：“自然、脱落为上，而其气和；生结、蛊漏，则其气烈，斯为下矣。”前二者为上品沉香，后二者为下品沉香。除此之外还有半结、半不结等种种次品沉香。

此后的朝代对沉香的喜爱与唐人如出一辙。比如明代的北京太庙，九间正殿的柱和枋都为沉香木所制，正殿的内壁则效仿杨国忠和宗楚客，用沉香的香粉涂饰。

西方世界更不必说，《圣经》中同样屡屡出现沉香之名，比如《旧约·民数记》：“雅各啊，你的帐棚何等华美！以色列啊，你的帐幕何其华丽！如接连的山谷，如河旁的园子，如耶和华所栽的沉香树，如水边的香柏木。”比如《新约·约翰福音》：“这些事以后，有亚利马太人约瑟，是耶稣的门徒，只因怕犹太人，就暗暗地作门徒。他来求彼拉多，要把耶稣的身体领去。彼拉多允准，他就把耶稣的身体领去了。又有尼哥底母，就是先前夜里去见耶稣的，带着没药和沉香约有一百斤前来。他们就照犹太人殡葬的规矩，把耶稣的身体用细麻布加上香料裹好了。”耶稣的遗体就是用没药和沉香装裹的。

英国学者史蒂芬·法辛主编的《艺术通史》（*Art: The Whole Story*）一书中介绍了伊斯兰教的圣书、彩色羊皮《可兰经》手抄本最为知名的蓝本《可兰经》：“蓝本《可兰经》出自十世纪北非马格里布地区（今天的突尼斯）凯鲁万城……蓝本《可兰经》花费巨大，被敬献给凯鲁万奥克巴大清真寺，资助方可能是当时新近建立并迅速崛起的法蒂玛王朝（909—1171）。”

这本使用靛蓝印染羊皮纸、以金银粉书写的珍贵的《可兰经》，“最初是存放在华丽的沉香木盒子里，盒子上有铜饰，并嵌以金子”。可见不管是东方还是西方，不管是出于宗教目的还是世俗生活的需要，沉香都是人类的神圣香料，因此中国俗语有“一两沉香一两金”之说。

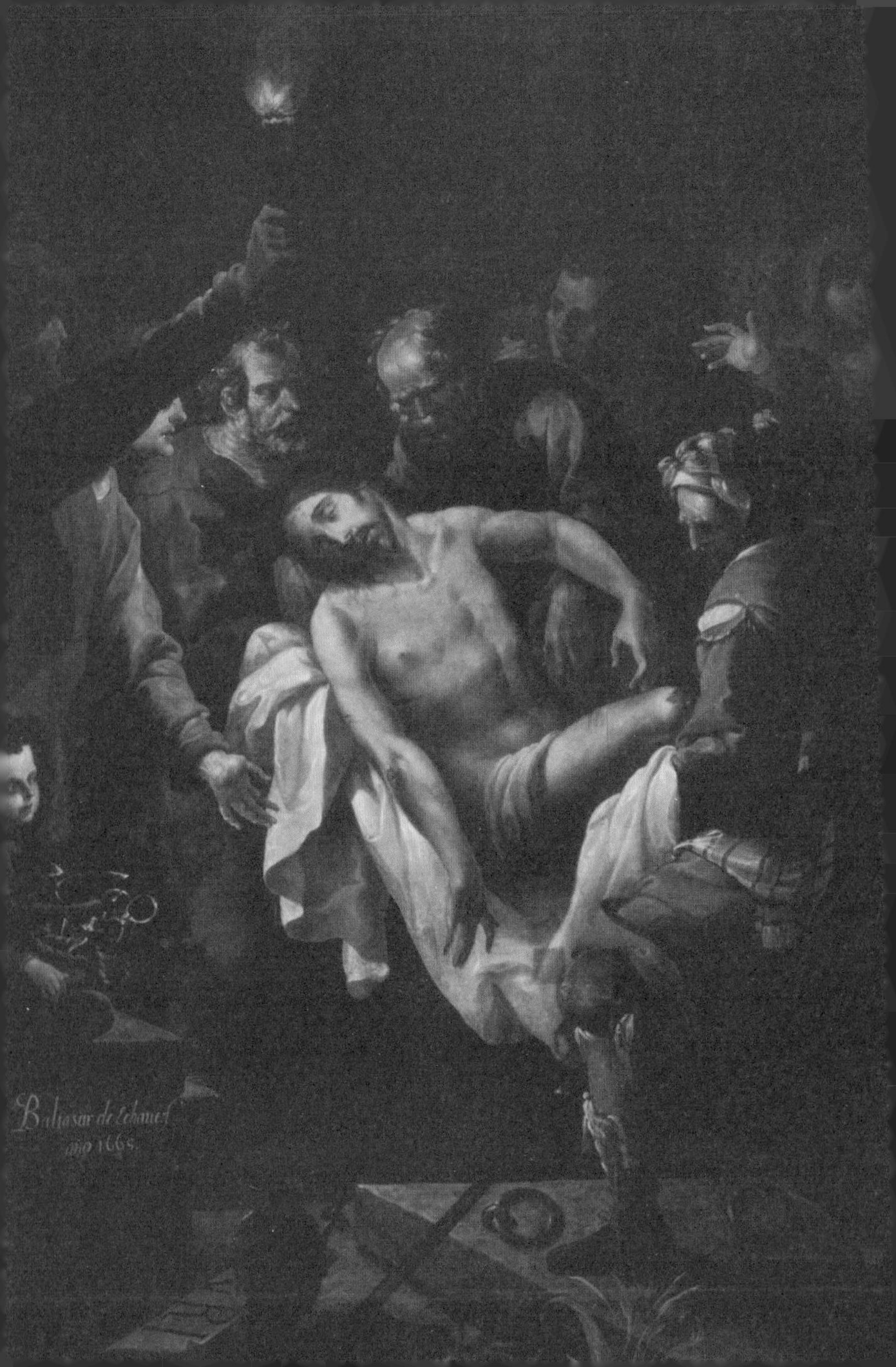

《安葬耶稣》，巴尔塔萨·德·埃查韦-里奥哈绘，布面油画，1665年，墨西哥国家艺术博物馆藏。

巴尔塔萨·德·埃查韦-里奥哈（Baltasar de Echave y Rioja，1632—1682），墨西哥画家，年轻时的画作受祖巴兰的阴郁主义影响，后期则创作了更多巴洛克式作品，以宗教题材为主。对角线式构图、强烈的明暗对比、戏剧性布光和对动态的强调是他的个人特色。

这幅充满戏剧张力的油画描绘了基督的葬礼。正如《约翰福音》记载的那样，一小群耶稣的追随者将毫无生气的耶稣遗体从十字架上放下来，准备抬去墓地安葬。画面中，圣约翰和尼哥底母等人强忍悲伤包裹尸体，旁边悲痛欲绝的圣母马利亚正绝望地张开双臂。在她旁边，抹大拉的玛丽亚痛苦地紧握双手。色彩的运用、光线的处理以及人物面部的明暗对比都突出了这一场景的戏剧性和人物内心的强烈感情。

郁金香

秬鬯芬芳

Curcuma aromatica

“郁金”，出自《芭蕉目单雄蕊植物》，威廉·罗斯科著，托马斯·阿尔帕特、詹姆斯·狄克逊夫人、埃米莉·弗莱彻等绘，英国利物浦，1828年出版。

十九世纪初，植物学家、历史学家，同时也是银行家、律师、英格兰最早的废奴主义者的威廉·罗斯科带领一群植物学家创建了利物浦植物园作为私人花园，《芭蕉目单雄蕊植物》即主要取材于此，按照林奈系统进行排列，并附有描述和观察记录。“芭蕉目”（*Scitamineaen*）即现在的姜目（*Zingiberales*），包括美人蕉、竹芋、生姜和姜黄等植物，几乎全部起源于热带。

郁金（拉丁名：*Curcuma aromatica*），姜科姜黄属多年生草本植物。根状茎肥大，断面黄色，芳香，根端膨大呈纺锤状。叶片矩圆形，顶端具细尾尖，叶柄约与叶片等长。花葶由根状茎抽出，与叶同时发出或先叶而出；穗状花序圆柱形，有花的苞片淡绿色，卵形，上部无花的苞片较狭，长圆形，白色而染淡红，顶端常具小尖头；花冠管漏斗形，裂片白色而带粉红；唇瓣黄色，倒卵形，具不明显的3裂片。花期4—6月。郁金以及姜黄（*Curcuma longa*）、莪术（*Curcuma zedoaria*）、毛莪术（*Curcuma kwangsiensis*）等同属植物的膨大块根均可作中药材用，来自郁金本种的称“郁金”，来自姜黄的称“黄丝郁金”，来自莪术的称“绿丝郁金”，来自毛莪术的则称“桂郁金”或“莪苓”。

本文起始，必须先辨析一下困扰了古今中外无数学者的一个重大疑问：古代中国文献中屡屡提及的“郁金”，到底是指郁金，还是指郁金香？两者的区别在于：郁金属于姜科姜黄属植物，块茎有香味，可以入药，也可制成香料或用作染料；而郁金香则属于百合科植物，花朵艳丽，主要用于观赏。

读者朋友都知道，今天郁金香的出口大国荷兰的国花就是郁金香，但鲜为人知的是，土耳其的国花也是郁金香，而且，郁金香的原产地就是土耳其和伊朗一带。英国著名的园林设计师和种植学家佩内洛普·霍布豪斯在《造园的故事》（*The Story of Gardening*）一书中写道："在土耳其，奥斯曼苏丹对花卉的溺爱，在艾哈迈德三世时期到达了巅峰。他的统治（1703—1730年）以'郁金香时期'为名。"

原产于土耳其和伊朗的郁金香，最迟在公元一世纪时就已经传入西方世界。薛爱华在《撒马尔罕的金桃》一书中写道："在普林尼的时代，郁金香生长在希腊和西西里，罗马人用它来调配甜酒，作为一种优质的喷雾剂，它还被当作香水喷洒在剧场里；郁金香还是深受罗马妇女喜爱的一种染发剂——当然这是教会的神父所不允许的。"

而郁金香传入中国，应该是在唐代。据北宋学者王溥所撰、记述唐代各项典章制度沿革变迁的《唐会要》一书，唐太宗贞观二十一年（647），"伽毗国献郁金香，叶似麦门冬，九月花开，状如芙蓉，其色紫碧，香闻数十步，华而不实，欲种取其根"。

这是一笔非常重要而珍贵的记载，不仅描述了西域伽毗国所献郁金香的形态——"叶似麦门冬"，开花"状如芙蓉"，移植时"欲种取其根"——都和今天郁金香的形状、习性完全一致，而且还证明了在此之前中国并没有输

《土耳其后宫一幕》，弗朗茨·赫尔曼、汉斯·格明根、瓦伦丁·米勒绘，布面油画，1654年，土耳其伊斯坦布尔佩拉博物馆藏。

1628年，一些奥地利艺术家跟随神圣罗马帝国皇帝费迪南二世派往奥斯曼帝国的汉斯·路德维希·冯·奎夫斯坦率领的大使馆代表团来到土耳其。他们在随行期间的作品描绘了代表团的活动、苏丹及其家人、奥斯曼帝国的服装以及日常生活的有趣场景。这幅画很可能是其中之一。

这是一幅西方画家描绘的奥斯曼帝国上层或宫廷妇女的内庭生活画。土耳其人的内庭（或后宫）外人无从窥见，妻妾如何在其中生活令西方人觉得神秘又迷人。画左上角的题词写道："由于尊敬的土耳其女士不习惯离开房子或见陌生人，她们邀请彼此到自己家里，用舞蹈、戏剧或类似的娱乐形式来消遣。"画面分两部分：下半部分画的是妇女们一边欢迎客人，一边随着手鼓的节奏一起跳舞；上半部分是两名妇女的单独表演，她们手持绣花丝巾，左右对舞，有三位乐师伴奏。华丽的地毯、服装和乐器都被刻画得非常细致。

当时，奥斯曼帝国的宫廷和上流社会正狂热追捧郁金香，他们的服饰、室内装饰和几乎一切艺术形式都融入了对郁金香的热爱。这幅油画虽然可能部分出自西方人对土耳其后宫的想象，但画中地毯上装饰的大量郁金香花纹，忠实反映了当时奥斯曼帝国的流行风尚。

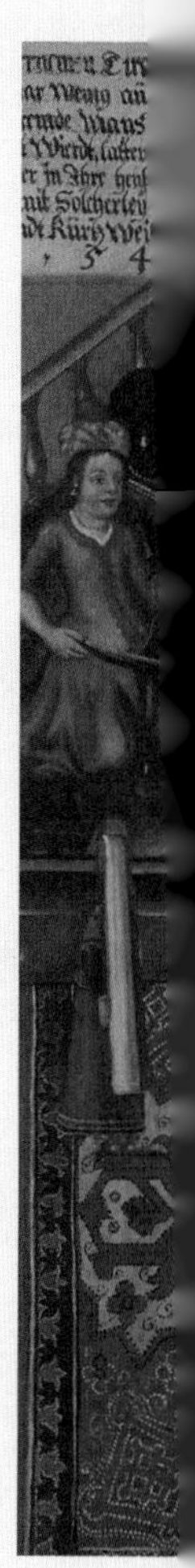

入过郁金香这一物种，否则就不会与其他国家所献的奇珍异宝一起郑重其事地罗列于此。正如同薛爱华的判断：“显然这里所记载的是送到唐朝的整枝的郁金香。”这是中国人第一次见到郁金香这种艳丽的花朵，时间是在唐代初期，那么，唐代之前中国文献中的“郁金”毫无疑问不是指郁金香。

南宋学者郑樵也在《通志·昆虫草木略》中质疑道：“郁金香生大秦国……然大秦国去长安四万里，至汉始通，不应三代时得此草也。”此处的大秦国指的是罗马帝国在亚洲的领地，三代指夏商周三代。郑樵的意思是说大秦国汉代时才与中国互通贸易，那么原产于土耳其和伊朗的郁金香不应该见之于三代，那么夏商周三代的郁金就绝非郁金香。

令人头疼的是，古代医书中还记载有另外一种姜黄属植物蓬莪术，很显然这是一个音译的词，王家葵先生在《中药材品种沿革及道地性》一书中猜测恐怕“是一种中亚语言的音译”。薛爱华写道：“与普通郁金有密切亲缘关系的一种植物，是在印度和印度尼西亚地区以蓬莪术知名的一种高级的芳香品种。蓬莪术主要是用作香料的原料。在印度支那和印度尼西亚地区，还有姜黄属植物的许多其他的品种，它们分别被用作染色剂、医药、咖喱粉以及香料制剂等多种用途。在汉文中，这些植物的集合名称叫作‘郁金’。”

至此可以做一个总结：唐代之前中国没有郁金香，所谓“郁金”都是指姜黄属的郁金；同时，郁金又是姜科植物郁金、姜黄、蓬莪术的总称。唐代药学家苏敬在《新修本草》中认为西域人将郁金和姜黄视为一物，而没有将蓬莪术单列一条。

现在回到正题：本文所描写的“郁金”是指姜科的郁金，而不是唐代方才传入中国的郁金香。郁金最迟在周代时已经传入中国，证据便是周代一种著名的香酒：秬鬯。

《说文解字》：“秬，黑黍也。”“秬（jù）”就是黑色的黍子。古人将黑黍视为上天所赐的“嘉种”，即最优良的谷物。那么“鬯”又是什么东西呢？

让我们先从这个字是怎样被造出来的入手。看“鬯（chàng）”的甲骨文字形之一（见下页图 1），很显然这是一个象形字，

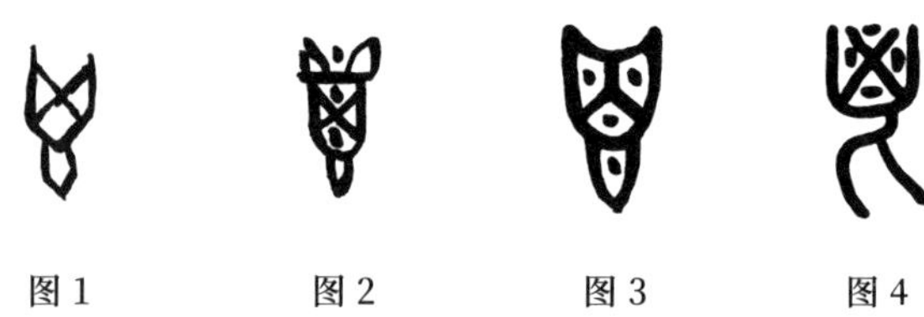

图 1　　图 2　　图 3　　图 4

像盛东西的器皿的形状，上面是器身，下面是器足。甲骨文字形之二（图 2）里面的小点代表盛的酒糟。金文字形（图 3）下面的一点代表酒浆，上面盛的是酒糟。小篆字形（图 4）下面讹变成了“匕”，“匕”是用来取饭的勺子，用“匕”来舀取“鬯”中盛的酒，如此一来，“鬯”就变成了一个会意字。

《说文解字》：“鬯，以秬酿郁草，芬芳攸服，以降神也。”秬这种黑黍和郁金酿成的酒就叫作“鬯”，这种酒“芬芳攸服”，酒香芬芳浓郁，用来祭祀神灵。清代文字学家朱骏声说：“酿黑黍为酒曰鬯，筑芳草以煮曰郁，以郁合鬯为郁鬯。因之草曰郁金，亦曰鬯草。郁者，草香蕴积；鬯者，酒香条畅也。”晚清学者宋育仁则认为“鬯”的器皿之中所装的东西乃是“秬黍酿成之酒，与郁金筑煮之汁”，两者混合在一起，方成秬鬯之酒。

《诗经·大雅·江汉》中有“秬鬯一卣”的诗句，“卣（yǒu）”是青铜制的椭圆形酒器，这种酒器用来盛秬鬯酒。《礼记·表记》中载：“天子亲耕，粢盛秬鬯，以事上帝。”“粢（zī）”是祭祀时用的谷子，“粢盛”就是盛在祭器内以供祭祀的谷物。粢盛和秬鬯都是天子亲耕的仪式中用来祭祀上帝的祭品。周代还有“鬯人”的官职，专门负责管理秬鬯这种香酒的保存和使用。舀鬯酒还有专门的器具，叫“鬯圭”，是玉制的，把鬯酒舀出来再斟到酒器里。

《诗经·大雅·旱麓》是一首赞颂周文王的诗，其中吟咏道：“瑟彼玉瓒，黄流在中。”“瑟”是清洁鲜明之貌，“玉瓒（zàn）”是玉柄金勺的舀酒器具，“黄流”就是秬鬯。唐代学者孔颖达解释说：“秬鬯者，酿秬为酒，以郁金之草和之，使之芬香条鬯，故谓之秬鬯。草名郁金，则黄如金色，酒在器流动，故谓之黄流。”郁金乃是姜黄属植物的块茎，呈黄色，以之酿出来的酒当然也就呈黄色，故称“黄流”。这一注释也是郁金非郁金香的明证。

除了“鬯人”一职之外，周代还有“郁人”一职，据《周礼》的记载："郁人掌祼器。凡祭祀、宾客之祼事，和郁鬯以实彝而陈之。""祼"可不是裸体的"裸"，而是读guàn，以酒灌地祭神叫"祼"，以酒赐宾客饮也叫"祼"。举行祼礼的时候，郁人要"和郁鬯"，煮郁金之汁以合秬鬯之酒，然后"实彝而陈之"，"彝"是盛酒器，把秬鬯装进"彝"这种酒器中，陈列于祭宗庙之处或宴飨宾客之处。

这里，东汉学者郑玄有一句非常重要的注释："郁为草若兰。"郁金这种草就像兰草一样。"兰"不是我们现在说的兰科的兰花，而是指菊科的兰草，也叫佩兰，乃是芬芳的香草。对比一下佩兰和郁金香就可以清晰地看出，佩兰开的花和郁金香毫无共同之处，倒是跟郁金开的花极为相似，因此郑玄才说"郁为草若兰"。这又是一个郁金非郁金香的明证。

秬鬯这种香酒的使用有着严格的等级区分。战国时期齐国的淳于髡所著《王度记》载："天子以鬯，诸侯以薰，大夫以兰芝，士以萧，庶人以艾。"薰是名为蕙草的香草，兰芝是兰草和灵芝，萧是艾蒿，艾是供针灸用的艾草。鬯只能供天子祭祀或赐饮宾客时专用，有趣的是，天子驾崩后也要使用秬鬯。

《周礼》记载，周代有“小宗伯”一职，掌管的职责很多，其中有一项看起来非常稀奇古怪：“王崩，大肆，以秬鬯湃。”“肆”的本义是摆设、陈列，“大肆”就是把天子的尸身陈列出来，“湃（mǐ）”是动词，清洗尸身。这句话的意思是：天子驾崩之后，小宗伯要先把天子的尸身陈列出来，然后用秬鬯这种香酒来清洗天子的尸身。

“大肆”陈列的是天子的尸身，引申开来，处死刑后陈尸示众也叫作“肆”。《周礼》规定，对被处死刑的人要“肆之三日”，陈尸示众三天，以表示鄙弃之意。后世汉语中所有由“肆”字组成的词都与此有关。比如“大肆”，天子最大，陈列天子的尸身因此称“大肆”，引申为大张旗鼓、毫无顾忌地进行某项活动；比如“放肆”，“放”是驱逐、舍弃之意，这是威胁要把对方杀死后，将尸体舍弃到集市上“肆之三日”，引申用作长辈对不尊重自己的晚辈的训斥之辞。

郁金的历史如此悠久，因此，虽然唐代时郁金香就已经传入中国，但古代诗词中的“郁金”或“郁金香”无一例外都是指酿制秬鬯酒的香料郁金，而不是郁金香花。比

《唐诗选画本》二编卷一“客中行”，铃木芙蓉绘，小林新兵卫宽政二年（1790）版。

铃木芙蓉（1749—1816），名雍，字文熙，号芙蓉、老莲，日本江户时代中后期文人画家，影响了江户南画风格的确立，擅中国式山水、人物、花鸟及孔子像。

这幅描绘的是李白《客中行》诗意。以郁金调和的美酒，色如黄金，盛于玉碗，自是“琥珀光”了。李白天宝初年长安之行以后，移家东鲁。这首诗作于东鲁的兰陵，却题为“客中”，应是开元年间他入长安之前的作品。时值开元盛世，物华天宝，人杰地灵，山川壮美，整个大唐洋溢着繁荣向上之气。盛世华年，美酒美器，加上好客的主人，诗人之豪情醉态可想而知。画面上主客对饮，一童奉菜，一童斟酒，正是诗兴、酒兴皆酣之时。

如唐代诗人王绩《过汉故城》:“清晨宝鼎食，闲夜郁金香。”显然，这是形容深夜闲坐，在香炉中燃起了郁金制成的香。比如卢照邻《长安古意》：“双燕双飞绕画梁，罗帷翠被郁金香。”也是形容罗帷翠被上面，有郁金熏染的香气。还有李白著名的《客中行》：“兰陵美酒郁金香，玉碗盛来琥珀光。但使主人能醉客，不知何处是他乡。”想一想秬鬯酒就懂了，李白的兰陵美酒之中，显然投放了能使酒味更香的郁金，而绝不会是插一朵郁金香或者扔几瓣郁金香的花瓣进去。

五代十国时期后蜀著名的花蕊夫人所作《宫词》中有“青锦地衣红绣毯，尽铺龙脑郁金香”的诗句，龙脑和郁金都是香料，所以花蕊夫人把它们并列在一起。再往后直到清代，诗人龚自珍有著名诗作《秋心》：“漠漠郁金香在臂，亭亭古玉佩当腰。”香在臂的，也仍然是香料郁金。

郁金香进入中国诗词，已是民国初期，各种辞典中常举的例子是著名的文学团体“南社”社友龚骞《九秋》中的诗句：“中夜美人愁不寐，坠鬟间剪郁金香。”把发髻放下来，慢慢剪着插在发髻上的郁金香，借以排遣愁绪。这里的郁金香可无论如何跟作为香料的郁金扯不上关系了。

苏合香／顶着香料之名的舞蹈

Liquidambar orientale Mill.

“苏合香”，出自《药用植物图谱》第二卷，奥托·卡尔·贝格著，卡尔·弗里德里希·施密特绘，德国莱比锡，1891—1902年出版。

奥托·卡尔·贝格（1815—1866），十九世纪德国植物学家、药剂师。他于1849年加入柏林大学植物学和药理学系，专攻南美植物群，在此期间协助建立了独立的药理学学科。卡尔·弗里德里希·施密特（1811—1890），德国植物艺术家、种子植物专家，为十九世纪的许多日耳曼植物著作绘制了插图。《药用植物图谱》被视为当时最好的药用植物著作。

苏合香（拉丁名：*Liquidambar orientalis*），俗称东方枫香、土耳其枫香，蕈树科枫香树属落叶乔木，原产于地中海东部。树高10—15米。叶互生，具长柄，叶片掌状5裂，偶为3或7裂，边缘有锯齿。花小，单性，雌雄同株，多数成圆头状花序，黄绿色，花期3—4月。果实为圆球状聚生蒴果，11—12月成熟，种子狭长圆形，扁平，顶端有翅，随风散播。初夏时将树皮击伤或割破，深达木质部分，香树脂便会渗入树皮内。至秋季剥下树皮，榨取香树脂，即为香料苏合香。

苏合香是蕈树科枫香树属植物苏合香树所分泌的芳香树脂。苏合香树分布于今天土耳其的亚洲部分，也就是古代所说的小亚细亚，曾经是罗马帝国在亚洲的领地。

英国著名学者李约瑟在巨著《中国科学技术史》(*Science and Civilisation in China*)中辨析了两种苏合香：“前期的苏合香是来自西方的固体苏合香，后期的苏合香则是印度尼西亚的一种甜胶苏合香脂，为一种液体香料。”李约瑟认为苏合香之名“早先是西亚产品的汉语名称转而用于后来东印度的产品”。之所以如此，李约瑟解释说：“如果说在该时代（指公元前二世纪和公元前一世纪）之前的几个世纪中，香的许多成分是由西方输入中国的，那么随着时间的推移，东南亚的资源越来越多地成了贡物。中国到地中海地区的路线非常之长而且常常中断，而另一方面，正在发展的南海政治组织，在王公、苏丹和酋长的领导下鼓励贸易。”

李约瑟所谓“前期的苏合香是来自西方的固体苏合香”，就是指原产于小亚细亚的苏合香树的树脂。但李约瑟有一个错误的论断：“对于苏合香，一直有某些与之混淆不清之处，但那是生长在小亚细亚的一种树，其树胶从未出口到中国。”

记载南朝萧梁王朝史事的《梁书》，在《诸夷传》中描述中天竺国时写道：“其西与大秦、安息交市海中，多大秦珍物，珊瑚、琥珀、金碧珠玑、琅玕、郁金、苏合。苏合是合诸香汁煎之，非自然一物也。又云大秦人采苏合，先笮其汁以为香膏，乃卖其滓与诸国贾人，是以展转来达中国，不大香也。”

安息指波斯古国，大秦指罗马帝国在小亚细亚的领地。该书认为苏合香并非单一的香料，而是由诸多的香汁煎和在一起的复合香料；但它紧接着又提供了一种与之相矛盾的说法，即认为大秦人从苏合香树上采下树脂，先榨汁制成香膏，再把榨汁后的渣滓卖给各国商人，而辗转传入中国的苏合香不过是这种不大香的渣滓而已。

但这一笔记载否决了李约瑟关于小亚细亚的苏合香“从未出口到中国”的论断。薛爱华在《撒马尔罕的金桃》一书中就写道：“在唐代以前很久，苏合香就已经从拂林和安息传入了中国。”拂林也是古代中国对罗马帝国的称呼。

不过，薛爱华所说的“唐代以前很久”是一种很含糊的说法，苏合香传入中国的具体时间不晚于晋代。

现存最早出现“苏合香”其名的是东汉史学家班固写给兄弟班超的一封信，原信已佚，《太平御览》的引文为：“班固《与弟超书》曰：窦侍中前寄人钱八十万，市得杂罽十余张。”窦侍中指权倾朝野的外戚窦宪，“罽（jì）”是用毛织成的毡子。又有：“班固《与弟超书》曰：窦侍中令载杂彩七百匹，市月氏苏合香。”这里记录的是用七百匹杂色的丝织品，来换取西域月氏国人手中的苏合香。由此也可见窦宪生活之奢侈。

时间往后推移，西晋文学家傅玄的《拟四愁诗四首》中也出现了“苏合香”。这四首诗很有意思，每一首中都有美人相赠的物品，分别是：“佳人贻我明月珠，何以要之比目鱼。”“佳人贻我兰蕙草，何以要之同心鸟。”“佳人贻我苏合香，何以要之翠鸳鸯。”“佳人贻我羽葆缨，何以要之影与形。”苏合香即为佳人所赠，“羽葆缨”则是一种鸟羽装饰的缨带。

西晋史学家司马彪所著《续汉书》中也有苏合香的记载，但该书亦已散佚，《太平御览》保存了这一珍贵的史料：“《续汉书》曰：大秦国，合诸香煎其汁，谓之苏合。”晋人郭义恭所撰《广志》中同样有类似的记载，但该书同样也已散佚，《太平御览》的引文为：“《广志》曰：苏合出大秦，或云苏合国。人采之，笮其汁以为香膏，卖滓与贾客。或云：合诸香草，煎为苏合，非自然一种也。”这两种记载都被后来的《后汉书》《梁书》等史书继承。不过，郭义恭道听途说的“苏合国”并不存在，劳费尔在《中国伊朗编》一书中认为“这解释是虚构的，只是由于想给这神秘的外国字抓到似乎表面上讲得通的解释而已”。

《梁书·诸夷传》中还有梁武帝天监十八年（519）扶南国“献火齐珠、郁金、苏合等香”的记载，扶南国是中国古籍中出现的第一个东南亚国家，由此也可知，苏合香传入中国的路线，一开始就是西亚（经由陆上丝绸之路）和东南亚（经由海上丝绸之路）两条路线并行。

南朝跨宋、齐、梁三代的著名医药家陶弘景在《本草经集注》中记载了一个不知从哪里听来的骇人听闻的传说：“苏合……世传云是狮子屎。”竟然认为苏合香就是狮子屎！北宋药学家唐慎微编撰的《证类本草》引述《唐本注》，驳斥了这个传说：“此香从西域及昆仑来，紫赤色，与紫、真檀相似，坚实，极芬香，唯重如石，烧之灰白者好。云是师（狮）子屎，此是胡人诳言，陶不悟之，犹以为疑也。”认为陶弘景没有悟到此乃“胡人诳言”。

唐慎微接着又引述唐代医学家陈藏器的话说：“陈藏器云：按师（狮）子屎，赤黑色，烧之去鬼气，服之破宿血，杀虫。苏合香，色黄白，二物相似而不同。人云：师子屎是西国草木皮汁所为，胡人将来，欲人贵之，饰其名尔。”陈藏器认为外国商人想抬高苏合香的价格，因此故意造出这个传说。

但是，神奇的是，陶弘景听到并记录下来的这个传说并非仅仅是“胡人诳言”，苏合香的梵语名称竟然真的是“屎”！劳费尔在《中国伊朗编》一书中针对陈藏器的猜测写道：“这个至今尚未解释的传说是可以有法解释的：在梵语里 rasamala 的意义是‘粪便’，这个字被爪哇人和马来人采用作为苏合的名称。这样一来，这个字的意义或许就被商人用来做宣传——这类例子在今日也不乏见。”劳费尔说，液体的苏合香在印度的梵语名称就是 rasamala，即粪便，但到底是不是“狮子屎”就不得而知了。

苏合香传入西方世界的时间则要比中国早得多。公元前五世纪，希罗多德在《历史》一书中描述了阿拉伯人采集乳香的生动场景：“再说阿拉伯，则这是一切有人居住的地方当中最南面的。而且只有这一个地方生产乳香、没药、桂皮、肉桂和树胶。这些东西，除了没药之外，阿拉伯人都是很难取得的。他们点着腓尼基人带到希腊来的一种苏合香树来采集乳香；他们点着这种东西，这样便得到了乳香；因为生产香料的树是有各种颜色的带翼的小蛇守卫着的，

“印度商人乘坐满载货物的船只抵达霍尔木兹”，十五世纪泥金写本《奇迹之书》插图，羊皮纸蛋彩细密画，约1410—1412年，法国国家图书馆藏。

这幅细密画插图的作者是马扎林大师及其合作者。马扎林大师是十五世纪上半叶活跃于巴黎的一位匿名画师，得名于保存在马扎林图书馆的泥金写本。他的作品笔触柔软，人物苗条，具有瓷一样的面孔和金色背景。

这幅插图描绘了满载货物的印度商船抵达霍尔木兹港的情景。有趣的是货物中还包括陆路运输需用的骆驼和白象等力畜，大概货物登船前和卸载后都要经历很长的陆上运输。霍尔木兹海峡是连接波斯湾和印度洋的海峡，是进入波斯湾的唯一水道，海峡北为伊朗，南接阿曼等阿拉伯国家，历来在国际贸易中占据重要的战略位置，直到现在都是全球最繁忙的水道之一。古时波斯与印度之间的商船在霍尔木兹海峡穿梭往来，波斯产的苏合香运往印度，想必也要经过这条水道。

每一棵树的四周都有许多这样的蛇。这便是袭击埃及的那种蛇。只有苏合香树的烟能把这种蛇从这些树的周边赶跑。”

腓尼基人生活在古代地中海东岸，以航海和经商的天赋享誉古代世界。希罗多德称他们从小亚细亚将苏合香树传播到了希腊，这一时间要远远早于传入中国的汉代或晋代。

同几乎所有别的香料一样，苏合香也是佛教仪式中经常使用的香料。《楞严经》卷七中写道：“坛前别安一小火炉，以兜楼婆香，煎取香水，沐浴其炭，然令猛炽。”这种用于沐浴的兜楼婆香就是苏合香（也有学者认为是乳香或藿香）。

更有趣的是，传入中国的苏合香到唐代的时候还繁衍为一种舞蹈名，崔令钦所撰《教坊记》中第一次记载了“苏合香”的曲名，段安节所撰《乐府杂录·舞工》中也写道：“软舞曲有《凉州》《绿腰》《苏合香》《屈柘》《团圆旋》《甘州》等。”所谓“软舞”，是形容腰肢柔软因而舞姿轻盈柔婉的舞蹈。

至于“苏合香”作为舞蹈和曲名的由来，著名戏剧艺术家欧阳予倩主编的《唐代舞蹈》一书中有董锡玖执笔的《苏合香》一文，其中写道："据日本的记载，说《苏合香》是印度的音乐，印度阿育王有病，服了苏合香，马上就痊愈了。阿育王大喜，就命臣子育偈作《苏合香曲》及舞蹈，以苏合草叶为胄。日本有《苏合香》舞，为六人或四人舞，服装和左舞（日本称唐代传去的舞为左舞）的一般装束相同，冠上戴着苏合草叶，香气四溢，以驱邪气，他们说这个舞是经由中国传去的。"

唐代只剩下"苏合香"舞曲之名，有赖于日本的《舞乐图说》一书，这种舞曲的大致模样得以流传下来。因此，董锡玖最后总结道："现在我们所能找到的材料不多，只能弄清楚这样几个问题：一、苏合香是唐代教坊中的软舞。二、苏合香原是一种香料，用为舞蹈的名称，舞蹈的人头上戴着苏合草叶。三、舞蹈由印度传入中国，盛行于唐代，并经中国传入日本。四、日本现存的《苏合香》，可能在服装舞容方面，和中国的以及印度的大有不同，已逐渐日本民族化了。五、《苏合香》舞只见于唐代记载，早已失传，而曲子宋代仍有流传。"

所谓“曲子宋代仍有流传”，是指南宋著名词人姜夔在《霓裳中序第一》的小序中说的一段话：“丙午岁，留长沙，登祝融，因得其祠神之曲，曰《黄帝盐》《苏合香》。”祝融是火神，姜夔得到的乃是祭祀火神的曲子。可见这时“苏合香”的舞蹈已失传，只剩下曲子了，而南宋之后，则连“苏合香”之曲都已经不复现于中国了！

《住吉舞》，鸟文斋荣之绘，木版画，1791—1793年，美国国会图书馆藏。

鸟文斋荣之（1756—1829），又称细田荣之，是日本江户时代后期的浮世绘师，出身高级武士之家，原名细田时富，活跃于十九世纪仁孝天皇时期。最初师从狩野典信，继承老师的画号“荣川院”，自号“荣之”，后师从文龙斋，从天明时代后期开始创作浮世绘。他受鸟居清长的影响，以“十二头身”优雅颀长的全身美人画作品广受欢迎。

这幅彩色木版画描绘的是江户时期的五位游女在一把大伞下表演住吉舞的场景。住吉舞是一种日本民间传统舞蹈，原本是庆祝凯旋的仪式，后来演变成祈求五谷丰收（尤其是稻米）的社舞，日本战国时代由大阪住吉神宫寺的僧侣们在游走各地时推广开来。通常五人一组，象征天地五行，一人撑伞，四人持扇，边舞边歌。画中僧侣被娇艳的游女取代，她们发髻上簪着草花，手持小团扇，舞姿婀娜。明治时期住吉舞曾一度断绝，大正十年（1921）复兴。头簪苏合香叶的苏合香舞未能流传下来，也许可以依据住吉舞等日本民间舞蹈的画面想象一下。

龙脑香

为唐朝人带来了南方的温暖气息

“羯布罗香”，出自《科罗曼德尔海岸的植物》第三卷，威廉·罗克斯伯勒著，英国伦敦，1795—1819 年出版。

科罗曼德尔海岸是印度半岛东南部海岸的名称，又译为乌木海岸。

羯布罗香（拉丁名：*Dipterocarpus turbinatus*），龙脑香科龙脑香属植物中的一种，又名龙脑香、天然冰片等。树为热带高大乔木，树皮灰白或深褐色，纵裂。叶革质，卵状长圆形，先端渐尖或短尖。总状花序腋生，花瓣 5，粉红色，线状长圆形。坚果卵形或长卵形，增大的 2 枚花萼裂片发育为狭长的翅。花期 3—4 月，果期 6—7 月。从树脂提取的油名为羯布罗香油，可作调香剂和定香剂，树脂入药，即“状若云母，色如冰雪”的冰片。

龙脑香科共有十七属六百多种植物，主要是生长在热带雨林中的高大乔木，大都可以长到 40—70 米高。但这六百多种植物中只有一种能出产龙脑香，就是龙脑香树，分布于从印度尼西亚到马来亚的婆罗洲（今加里曼丹岛）、马来半岛、苏门答腊岛三地。

薛爱华在《撒马尔罕的金桃》一书中把龙脑香称为“婆罗洲樟脑的另外一个名称”，从严格意义上来说，这个说法是不准确的，虽然樟脑和龙脑香极其相似，但出产龙脑香的龙脑香树属于龙脑香科植物，而出产樟脑的樟树则属于樟科植物。不仅如此，樟脑中国也有出产，而龙脑香则只有上述三个地区才有出产。

关于樟脑和龙脑香的区别，只怕清代人比现代学者还要清楚。明末清初学者屈大均在《广东新语》中对此有着精确的辨析：“龙脑香，出佛打泥者良，来自番舶，粤人以樟脑乱之。樟脑本樟树脂，色白如雪，故谓之脑。其出韶州者曰韶脑。樟脑以人力，龙脑以天生者也。”

“佛打泥”是马来半岛上的一个城邦古国，屈大均称广东的龙脑香都是由此处舶来，而广东本地人往往用樟脑造假，谎称是龙脑香，可见两者根本不属同一品种。

屈大均又说“龙脑以天生者也”，这话一半对一半不对，因为所谓的“龙脑”分为两种，一种是天生的龙脑香，另一种是龙脑香树的液体树脂油，又称“婆律膏”。晚唐博物学家段成式在《酉阳杂俎·广动植之三》中有详细的描述：“龙脑香树，出婆利国，婆利呼为固不婆律。亦出波斯国。树高八九丈，大可六七围，叶圆而背白，无花实。其树有肥有瘦，瘦者有婆律膏香，一曰瘦者出龙脑香，肥者出婆律膏也。在木心中，断其树，劈取之，膏于树端流出，斫树作坎而承之。入药用，别有法。”

所谓“婆利”“婆律”，薛爱华写道：“‘婆律’（Baros）是苏门答腊西海岸的一个村落，这里曾经是樟脑的主要出口地。”这句话中的樟脑应为龙脑香。针对段成式的记载，薛爱华评论说：“唐朝人试图区分‘婆律膏’与‘龙脑香’，但是他们谁也没有能够提供出正确的答案。有些人认为，由于龙脑香树有肥有瘦，因此就有‘婆律膏’与‘龙脑香’的区别，但是他们却不能断定在这肥瘦不同的两种树中，究竟哪一种树出哪一种香。另一种说法认为，龙脑香是树根中的干脂，而婆律膏则是树根下面的清脂。的确，‘膏’字常常与‘婆律’连用，这说明它或多或少是作为油质产品在市场上出售的，这样就将它与结晶状的‘龙脑’区别开了。”

薛爱华所引的后一种说法出自唐代药学家苏敬等人编撰的《新修本草》：“婆律膏是树根下清脂，龙脑是树根中干脂。”也就是说，砍伐龙脑香树之后，从树心中取出的天然结晶体就是龙脑香，而从树心或树根流出的液体树脂油就是婆律膏。不过，北宋药学家唐慎微编撰的《证类本草》中还记载了一种加热蒸馏的方法：“今海南龙脑，多用火煏成片，其中亦容杂伪。”“煏（bì）”指用火烘干。

究竟怎样“用火煏成片”，唐慎微语焉不详；明末清初学者周嘉胄则在《香乘》中引宋代《香谱》一书，记之甚详：“取脑已净，其杉板谓之脑木札，与锯屑同捣碎，和置磁盆中，以笠覆之，封其缝热灰，煨逼其气飞上，凝结而成块，谓之熟脑，可作面花、耳环、佩带等用。”

龙脑香大约于隋代传入中国。《隋书·赤土传》载：“赤土国，扶南之别种也。在南海中，水行百余日而达所都。土色多赤，因以为号。”如前所述，扶南国是中国古籍中出现的第一个东南亚国家，和赤土国都位于马来半岛。“炀帝即位，募能通绝域者。大业三年，屯田主事常骏、虞部主事王君政等请使赤土。”大业三年是公元 607 年，常骏等人受到了赤土国王的热情款待，国王还派遣使节跟随常骏等人一起返回，“献金芙蓉冠、龙脑香”。

从此之后，龙脑香成为中国皇室和贵族阶层的奢侈品。《酉阳杂俎》讲述了唐玄宗和杨贵妃的一个有趣的故事：“天宝末，交趾贡龙脑，如蝉、蚕形。波斯言老龙脑树节方有，禁中呼为‘瑞龙脑’。上唯赐贵妃十枚，香气彻十余步。

上夏日尝与亲王棋，令贺怀智独弹琵琶，贵妃立于局前观之。上数子将输，贵妃放康国猧子于坐侧，猧子乃上局，局子乱，上大悦。时风吹贵妃领巾于贺怀智巾上，良久，回身方落。贺怀智归，觉满身香气非常，乃卸襆头贮于锦囊中。及二皇复宫阙，追思贵妃不已，怀智乃进所贮襆头，具奏它日事。上皇发囊，泣曰：'此瑞龙脑香也。'"

交趾包括今天的越南北部、中部等地区，这里进贡的龙脑显然属于极其珍贵的品种，而且形状像蝉和蚕，寓意美好，因此才被唐玄宗称为"瑞龙脑"。贺怀智是著名的音乐家，在唐玄宗和亲王下棋的时候弹琵琶以助兴。"猧（wō）"是小狗，眼看唐玄宗要输棋，杨贵妃赶紧放开康国进贡的小狗，小狗跳上桌面，搅乱了棋局。不料风吹掉了杨贵妃脖子上的披巾，落在贺怀智的幞头上。"襆"通"幞（fú）"，幞头是男子包头的软巾。唐肃宗平定安史之乱后，退位为太上皇的唐玄宗时常思念身死马嵬坡的杨贵妃，这时贺怀智将当时所贮幞头呈上，唐玄宗感叹道："这上面的香气，是贵妃娘娘披巾上面瑞龙脑的香气啊！"

有趣的是，在北宋传奇小说家乐史所著的《杨太真外传》中，唐玄宗赐给杨贵妃的这十枚瑞龙脑香，“妃私发明驼使，持三枚遗禄山”。“明驼”是善于奔走的骆驼，据说腹下有毛，深夜能明，可以照路，日驰五百里。明驼使“非边塞军机，不得擅发”，而杨贵妃居然私自派遣明驼使，仅仅是为了送给安禄山三枚瑞龙脑香！当然这只是小说家言。

比起唐玄宗，十八岁的唐敬宗李湛更会玩，而且玩得更加香艳。五代宋初学者陶谷所著《清异录》记载：“宝历中，帝造纸箭竹皮弓，纸间密贮龙、麝、末香，每宫嫔群聚，帝躬射之，中有浓香触体，了无痛楚。宫中名‘风流箭’，为之语曰：‘风流箭，中的人人愿。’”“龙”即龙脑香，“麝”即麝香，“末香”指捣成粉末状的沉香、檀香等。李湛就用这些香料制成的纸箭朝嫔妃们射击，可惜这“风流箭”没射多久，就于同岁被人害死。

据《大唐西域记》所载，玄奘大师西游天竺，曾在南印度的古国秣罗矩吒国滨海的秣剌耶山中见过龙脑香树：“羯布罗香树，松身异叶，花果斯别，初采既湿，尚未有香，木干之后，循理而析，其中有香，状若云母，色如冰雪，

雕闌十二午陰移思入雲霄
落子遲當局早知提醒著危
機應不墮蛾眉
吴興錢選舜舉

《明皇弈棋图》，传宋末元初钱选绘，绢本设色长卷，美国弗利尔美术馆藏。

此卷旧传钱选所作，实际大约是明代或清代仿作。画面描绘的是唐明皇与杨贵妃对弈的情景。明皇执黑棋，似沉吟已定正欲落子，贵妃则手指棋盘，似要说什么。左侧二仕女奉茶盘，右侧一仕女在逗弄小狗。按《酉阳杂俎》所记龙脑香的典故，此犬为贵妃宠物，曾在明皇与亲王下棋的时候跳上棋局，弄乱棋子。当时贵妃的领巾被吹到贺怀智的头巾上，贺怀智回家后依然香气满身。画面上贵妃肩头的确披着一条轻薄的绣花帔子（披帛），不知故事中所说领巾是否此帛呢？对面唐明皇头戴一顶类似宋代流行的乌纱东坡巾式样的冠子，不免令人莞尔。画后题跋均痛惜唐明皇将一国安危系于妇人之手，纵容杨贵妃，任其宠犬搅乱棋局，是日后政局紊乱祸因。画面风格古拙，敷色艳丽，明显受唐代人物画影响。

此所谓龙脑香也。”羯布罗香即龙脑香，是梵语Karpūra的音译。针对玄奘的记载，薛爱华评论说：“这说明龙脑树在当时很可能已经成功地被引种到了这个地区。”而“状若云母，色如冰雪”的描述，催生了龙脑香在中国的别名“冰片”，李时珍在《本草纲目》中说：“龙脑者，因其状加贵重之称也。以白莹如冰，及作梅花片者为良，故俗呼为冰片脑，或云梅花脑。”也可称“脑子”。

《旧唐书》记载，南海中的堕婆登国，“其死者，口实以金，又以金钏贯于四肢，然后加以婆律膏及龙脑等香，积柴以燔之”。死者口中含金，四肢都戴着金钏，再用婆律膏和龙脑等香涂抹，最后积柴焚烧，可见婆律膏和龙脑香等香料在死亡仪式中的重要作用。

唐朝屡屡有外国进贡龙脑香的记载，东南亚国家自不必说，连盛产金、葡萄、郁金的北印度古国乌苌国都“遣使者献龙脑香，玺书优答”（《新唐书·西域传》），甚至遥远的大食（阿拉伯）也“遣使献马及龙脑香”（《册府元龟》卷九百七十一）！薛爱华评论说：“总而言之，樟脑为唐朝人带来了南方温暖的气息。”这里的樟脑应为龙脑香。

龙脑香除了药用、食用、熏燃、熏茶、祭祀等之外，还有两项特异的用途，一是铺地，二是自杀。

《旧唐书·宣宗本纪》载："旧时人主所行，黄门先以龙脑、郁金藉地，上悉命去之。"在唐宣宗之前，唐朝的皇帝出行，太监们要先将龙脑香和郁金铺在地上，然后皇帝的车辇才缓缓而过，因此花蕊夫人所作《宫词》中有"青锦地衣红绣毯，尽铺龙脑郁金香"的诗句，可见奢侈。

至于用龙脑香自杀之事，从宋代开始频频出现，最著名的是南宋藏书家廖莹中之死。据宋末元初学者周密所著《癸辛杂识·后集》"廖莹中仰药"一条所载，奸相贾似道被免职后，廖莹中却仍旧追随他。一天晚上，"与贾公痛饮终夕，悲歌雨泣，到五鼓方罢。廖归舍不复寝，命爱姬煎茶以进，自于笈中取冰脑一握服之。既而药力不应，而业已求死，又命姬曰：'更欲得热酒一杯饮之。'姬复以金杯进酒，仍于笈中再取片脑数握服之。姬觉其异，急前救之，则脑酒已入喉中矣，仅落数片于衣袂间。姬于是垂泣相持，廖语之曰：'汝勿用哭我，我从丞相，必有南行之命，我命亦恐不免。年老如此，岂复能自若？今得善死矣。吾平生无负于主，天地亦能鉴之也。’于是分付身后大概，言未既，九窍流血而毙”。

这段记载明白如话，不再翻译为白话文。蹊跷的是，抗元名将文天祥和奸相贾似道也都曾服过龙脑香自杀，却不像廖莹中一样如愿死去。李时珍在《本草纲目》中的解释是：“文天祥、贾似道皆服脑子求死不得，惟廖莹中以热酒服数握，九窍流血而死。此非脑子有毒，乃热酒引其辛香，散溢经络，气血沸乱而然尔。”实情究竟如何，因为没有用酒送服过龙脑香，所以不敢妄猜。

龙脑香也是佛教密宗的“五香”之一。密教作坛时，五香与五宝、五谷等“各取少许，以小瓶子盛，或小瓷合盛之一处”，以真言加持之后，“安置坛中坑内，填筑令平”，以作供养。这五香即沉香、白檀香、丁香、郁金香、龙脑香。

《天使向撒迦利亚显现》，威廉·布莱克绘，布面蛋彩和墨水画，1799—1800年。

威廉·布莱克（1757—1827），英国诗人、画家、版画家，他独特的视觉艺术风格和见解虽未被同代人接受，但受到后世高度赞誉，甚至被称为英国有史以来最伟大的艺术家。

这幅画展现了《新约·路加福音》第一章的场景：当耶路撒冷犹太圣殿的祭司撒迦利亚进入主殿焚香时，主的使者从香坛右边向他显现，宣布其妻伊利莎白将生下一子，即施洗者圣约翰。画面上美丽的淡蓝色、金色和克制的红色是典型的“布莱克色彩”。祭司手提香炉，圣所中的金灯台、香坛、供桌皆历历描绘。

宗教与焚香自来密不可分。佛教密宗采用包含龙脑香在内的“五香”。犹太圣殿祭司所焚之香据《圣经》是以乳香、拿他弗（松香，一说是没药的一种）、施喜列（一种甲壳）、喜利比拿（一种树胶，有解毒驱虫之效）等比例制成。袅袅烟雾、不散馨香与法物、仪式一起成为信仰的象征。

旃檀

把中国女人的嘴唇染成了『檀口』

1
2
Santalum album.

"檀香"，出自《医药科学中常用植物的标准展示和描述》第十卷，弗里德里希·戈特洛布·海恩著，弗里德里希·吉姆佩尔、彼得·哈斯等绘，德国柏林，1827年出版。

弗里德里希·戈特洛布·海恩（1763—1832），德国植物学家、分类学家、药剂师。除在大学授课外，他也领导了多次植物学考察，以在植物描述中使用精确的术语而著称，在大约三十年里出版了十三卷本《医药科学中常用植物的标准展示和描述》。

檀香（拉丁名：*Santalum album*），又名旃檀、真檀、白檀，檀香科檀香属常绿小乔木。树高约10米，枝带灰褐色，具条纹，有多数皮孔和半圆形的叶痕。叶椭圆状卵形，先端锐尖，边缘波状，背面有白粉。三歧聚伞式圆锥花序，腋生或顶生；苞片2枚，钻状披针形；花被管钟状，淡绿色；花被4裂，裂片卵状三角形，内部初时绿黄色，后呈深棕红色。核果，外果皮肉质多汁，成熟时深紫红或紫黑色，内果皮具3—4纵棱。花期5—6月，果期7—9月。原产太平洋岛屿。檀香树干的边材无气味，心材黄褐色，有强烈香气，是贵重药材和名贵香料。中国进口檀香的历史已有一千多年。

首先需要辨析的是：古代中国所说的“檀”，比如《诗经·魏风》里最为人熟知的诗篇之一《伐檀》中的“坎坎伐檀兮”，伐的这种“檀”属于豆科黄檀属植物，广泛分布于中国南方以及东南亚一带；而我们将要写到的檀香则是檀香科植物檀香树的心材，这种植物的心材乃是最为名贵的香料。

檀香最早不叫“檀香”，而是叫“旃（zhān）檀”或“栴檀”，是梵语 candana 的音译。由此可知旃檀原产于印度，随着佛教传入中国，檀香也随之传入。之所以将外来的旃檀命名为“檀”，不仅仅是因为音近，而且正如薛爱华在《撒马尔罕的金桃》一书中所说：“陈藏器写道，檀香‘树如檀’，意思是说这种木材类似于中国黄檀的淡黄色的木材。”这真是一个音、义都堪称绝妙的翻译。

我们先来看看旃檀的分类。据李时珍在《本草纲目》中引宋人叶廷珪所著《香谱》的记载：“皮实而色黄者为黄檀，皮洁而色白者为白檀，皮腐而色紫者为紫檀。其木并坚重清香，而白檀尤良，宜以纸封收，则不泄气。”据此则来自印度的旃檀共分为黄檀、白檀和紫檀，白檀又称白旃檀，是其中最为优良的香料。

佛教于西汉末年传入中国，那么“旃檀”的名称也应该同时或稍晚传入，正如薛爱华所说：“在印度佛教的影响之下，早在唐朝之前几百年，檀香木以及与其有关的情感和想象就已经传入了中国。”《晋书·穆帝本纪》载，晋穆帝升平元年（357），“扶南、竺旃檀献驯象”。这一笔记载非常费解，薛爱华认为“旃檀”或“竺旃檀”“仅仅是作为印度群岛的一个国家的名称而出现的”，但《梁书》和《南史》中都写作“穆帝升平元年，王竺旃檀奉表献驯象”，则“竺旃檀”又似乎是扶南王的名字。《梁书》和《南史》又同时记载梁武帝天监十八年（519），扶南王“复遣使送天竺旃檀瑞像、婆罗树叶”，这座天竺的“旃檀瑞像”则毫无疑问就是印度的檀香制成的佛像。

东晋高僧法显记述游历天竺的《佛国记》一书记载，中印度憍萨罗国的国王波斯匿王“思见佛，即刻牛头栴檀作佛像置佛坐”，“此像最是众像之始”，是第一尊佛陀造像，放置在著名的祇（qí）园精舍之中。牛头旃檀又称赤旃檀，即前述三种檀香之一的紫檀。扶南王进贡的“天竺旃檀瑞像”，应该是进入中国的第一尊佛陀造像。

为何叫“牛头旃檀”？《华严经》中说：“摩罗耶山出旃檀香，名曰牛头，若涂身者，火不能烧。”“摩罗耶山”，玄奘《大唐西域记》称作“秣剌耶山”，位于南印度，此山山峰状如牛头，盛产旃檀，故称“牛头旃檀”。《大唐西域记》描述此山：“崇崖峻岭，洞谷深涧。其中则有白檀香树、栴檀你婆树，树类白檀，不可以别，唯于盛夏登高远瞻，其有大蛇萦者，于是知之。犹其木性凉冷，故蛇盘也。既望见已，射箭为记，冬蛰之后方乃采伐。”

玄奘的描述非常神奇，他说白檀香树因为木性凉，吸引得大蛇盘绕树身，当地人就以此来识别此树，并射箭作为记号，待大蛇冬眠之后才敢前来采伐。对比一下希罗多德描述的带翼的小蛇守卫乳香树的传说，可见古人对出产香料的各种香树赋予了多少传奇色彩。

更有趣的是，据《佛说观佛三昧海经》卷一所载："伊兰俱与栴檀生末利山。牛头栴檀生伊兰丛中，未及长大，在地下时，芽茎枝叶如阎浮提竹笋，众人不知，言此山中纯是伊兰，无有栴檀。而伊兰臭，臭若胮尸，薰四十由旬，其华红色甚可爱乐，若有食者发狂而死。牛头栴檀虽生此林，未成就故不能发香，仲秋月满，卒从地出，成栴檀树，众人皆闻牛头栴檀上妙之香，永无伊兰臭恶之气。"

伊兰是一种散发臭气的恶草，佛经中经常用伊兰来比喻"烦"。"阎浮提"即南瞻部洲，洲上阎浮树最多，故称"阎浮提"。"胮（pāng）"是浮肿的意思，形容尸体浮肿而发臭。"由旬"是古印度的计程单位，一由旬大约等于四十里。

这篇经文描述旃檀与伊兰共生，未长大时，旃檀的芽茎枝叶就像竹笋一样，完全淹没在伊兰丛中，于是人们就认为山中都是伊兰，恶臭之气扩散得极远。伊兰的红色花朵非常可爱，但如果误食，就会发狂而死。等到仲秋月圆的时节，旃檀长成了大树，人们闻到檀香的香气，誉之为“上妙之香”，它彻底掩盖了伊兰的恶臭之气。

综上所述，旃檀于晋代或者不晚于南北朝时期传入中国，传入之后，立刻受到古代中国人的喜爱，而且同伊兰一样，也用作阐明佛理的比喻。《世说新语·文学》中讲述了一个有趣的故事：“有北来道人好才理，与林公相遇于瓦官寺，讲小品。于时竺法深、孙兴公悉共听。此道人语，屡设疑难，林公辩答清析，辞气俱爽。此道人每辄摧屈。孙问深公：‘上人当是逆风家，向来何以都不言？’深公笑而不答。林公曰：‘白旃檀非不馥，焉能逆风？’深公得此义，夷然不屑。”

林公指东晋高僧支道林，竺法深也是高僧，孙兴公指孙绰，是当时很有影响的名士。北来的道人跟支道林辩论小品，“小品”指最早传入中国的大乘佛教典籍《般若波罗蜜多心经》，因为是节略本，故称“小品”。道人辩不过支道林，旁听的孙绰问竺法深：“上人您也是学问渊博、能够在辩论中占据上风的人，为何在这场辩论中一言不发呢？”竺法深笑而不答。支道林则接口说：“白旃檀不是不香，但又怎么能够逆风而闻呢？”支道林将竺法深比作白旃檀，意思是竺法深高超的佛理和论辩能力就像白旃檀香气馥郁，但是到了自己面前，就像逆风而闻就什么都闻不到了一样。支道林真是自负得很。竺法深听懂了支道林的意思，做出一副鄙视不屑的表情。

“旃檀”和“檀香”是同义词，现在人们只知道“檀香”而不知道“旃檀”了。其实在印度的旃檀传入中国之后，“檀香”一词也同时开始使用。南朝历仕宋、齐、梁三朝的著名文学家沈约在《瑞石像铭》的序中吟咏道：“莫若图妙像于檀香，写遗影于祇树。”这两句用的都是佛教典故。“图妙像于檀香”是指用檀香制作佛像；“祇树”即祇园精舍，又称祇树给孤独园，佛陀在此讲法，并度过了二十四个雨季，“祇树”后来就用作佛寺的代称，这句话的意思是在佛寺中绘出遗像。

唐代僧人慧苑在《华严经音义》中对“旃檀”还给出了医学方面的解释：“栴檀，此云与乐。谓白檀能治热病，赤檀能去风肿，皆是除疾身安之药，故名与乐也。”薛爱

（前页插图）《旃檀乾闼婆》，佚名绘，纸本设色长卷，日本平安时代（十二世纪），日本奈良国立博物馆藏。

这是日本国宝《辟邪绘》五幅之一。《辟邪绘》旧称“益田家本地狱草纸乙卷”，描绘在中国受到信仰、专事惩罚和驱散疫鬼的五尊善神：天刑星、旃檀乾闼婆、神虫、钟馗和毗沙门天。据推测，此卷与平安时代宫廷举行的“佛名会”（宫廷岁末惯例的忏悔法会）中所使用的“地狱变御屏风”有关联。

乾闼婆在印度宗教中是一种以香味为食的男性神，又称香神、香音神、嗅香、寻香行等，也有人译作香阴；对应的女性神为飞天，也就是敦煌壁画中优美婀娜的飞天形象。在印度神话中乾闼婆同时又是服侍帝释天的乐神之一，是天界中支配香料与音乐的艺术之神。“乾闼婆”在梵语中是变幻莫测的意思，因为香气和音乐都是缥缈而难以捉摸的。乾闼婆不食人间烟火，只以香气滋养，身体亦散发芬芳，这个意象是非常美的。此画中的“旃檀乾闼婆”却是一副恶狠狠的凶相，应来自密教中的“旃檀乾闼婆神王”，能守护胎儿及孩童免受十五恶神的危害。

华在《撒马尔罕的金桃》一书中也写道：“檀香在东方医学中占有重要的地位，陈藏器称，檀香具有‘治中恶鬼气，杀虫’的功能。所谓‘治中恶鬼气’的性能，被解释为可以排出肠胃中的胀气，而中世纪的阿拉伯人也确实是用檀香来解除肠绞疼的。毫无疑问，这种做法与将檀香作为化妆品的习俗一样，最初也是起源于印度——在印度化的印度支那诸国中，也盛行以檀香末作为化妆品的习惯。但是在中世纪时代，医疗与美容并不是截然分开的。”

旃檀传入中国后，深刻地融进了中国人的日常生活，药用、熏香、造像等功用之外，融入的程度之深，甚至变身为最能代表中国文化的凝练的典故。

唐代长安城平康坊的名妓赵鸾鸾擅长作诗，《全唐诗》中录其五首，分别吟咏“云鬟”“柳眉”“檀口”“纤指”“酥乳”，其中两首都与旃檀有关。先来看《檀口》：“衔杯微动樱桃颗，咳唾轻飘茉莉香。曾见白家樊素口，瓠犀颗颗缀榴芳。”唐人孟棨所撰《本事诗·事感》中记载了白居易的一则逸事：“白尚书姬人樊素，善歌，妓人小蛮，善舞。尝为诗曰：‘樱桃樊素口，杨柳小蛮腰。’”赵鸾

樊素

《百美新咏图传》五十五“樊素”，清代颜希源编，王翙绘，集腋轩藏版，乾隆五十七年（1792）刊本。

《百美新咏图传》收录历代名媛佳丽小传百篇，配以图百幅及文人咏词二百余首，集图像、传记、诗词、书法于一体。原画出自当时宫廷著名画师王翙（huì）之手，人物篆刻清晰隽雅，栩栩如生，是中国版画史的上一颗明珠。王翙，字钵池，寿春（今安徽寿县）人，清朝乾隆、嘉庆年间画家，绘山水、草木、鸟兽、昆虫无不酷肖，尤精人物。

樊素是唐代大诗人白居易的家妓，能歌善舞。白居易《不能忘情吟》序云：“妓有樊素者年二十余，绰绰有歌舞态，善唱《杨枝》，人多以曲名名之，由是名闻洛下。”可知樊素也被称为“杨柳枝”。白居易又有《山游示小妓》诗：“双鬟垂未合，三十才过半。本是绮罗人，今为山水伴。春泉共挥弄，好树同攀玩。笑容共底迷，酒思风前乱。红凝舞袖急，黛惨歌声缓。莫唱杨柳枝，无肠与君断。”咏的也是樊素。诗中“小妓”当时年仅十五岁。到白居易写《不能忘情吟》时，“素事主十年，凡三千有六百日。巾栉之间，无违无失”，然而白居易又老又病，于是“鬻骆马兮放杨柳枝，掩翠黛兮顿金羁”，将樊素放出。虽然因“樱口”“樱唇”留名千载，被收入“百美图”，但在时人眼中，家妓的地位与白首黑鬣的“骆马”也相差无几，无人关心她离开白家后流落何方。

鸾于是就拿樊素的樱桃小口来自比。“瓠（hù）犀”指瓠瓜的籽，《诗经·卫风·硕人》赞美“齿如瓠犀”，瓠瓜的籽粒方正洁白，比次整齐，因此用来比喻美女的牙齿。

薛爱华作为一个美国学者，居然能够深刻又风雅地认识到“‘檀口’的字面意思相当于‘旃檀口’”，并说“这个暗喻显然是指‘口香如檀’”。不过，“檀口”不仅仅是形容口香，还形容女人用檀香末制成的口脂涂染嘴唇，晚唐五代诗人韩偓“黛眉印在微微绿，檀口消来薄薄红”的诗句描述的正是女人薄薄涂染的红唇。

再来看《酥乳》：“粉香汗湿瑶琴轸，春逗酥融绵雨膏。浴罢檀郎扪弄处，灵华凉沁紫葡萄。”“轸（zhěn）”是古琴上系弦线的小柱，用以调节弦的松紧程度。赵鸾鸾称自己的情郎为“檀郎”，后世即用此为女子对心爱男人的昵称，比如南唐后主李煜有一首著名的词《一斛珠》，其中吟咏自己的娇妻：“绣床斜凭娇无那，烂嚼红茸，笑向檀郎唾。”“红茸”即“红绒”，刺绣所用的红色绒线；“檀郎”则是周皇后对情郎李煜的昵称。“檀郎”为什么会具备这样的含义呢？各种辞典都解释说这个称谓跟西晋著名文学家潘岳有关。

《晋书·潘岳传》载："岳美姿仪，辞藻绝丽，尤善为哀诔之文。少时常挟弹出洛阳道，妇人遇之者，皆连手萦绕，投之以果，遂满车而归。"《世说新语·容止》载："潘岳妙有姿容，好神情。少时挟弹出洛阳道，妇人遇者，莫不连手共萦之。"刘孝标注引《语林》："安仁至美，每行，老妪以果掷之，满车。"潘岳字安仁。这就是"掷果盈车"的典故。

不过，《晋书》和《世说新语》的记载都没有提到潘岳跟"檀郎"有何关系。唐代诗人李贺有一首名为《牡丹种曲》的诗，其中写道："檀郎谢女眠何处？楼台月明燕夜语。""谢女"指东晋才女谢道韫。南宋学者吴正子注解说："檀奴，潘安小字，后人因目曰檀郎。谢女，旧注以为谢道韫，盖以才子才女并称耳。"明代学者曾益则注解说："潘安小字檀奴，故妇女称呼所欢为檀郎。"

清代书画家冯金伯所著《词苑萃编》引述了隐逸诗人顾茂伦的疑问："诗词中多用檀郎字，不知所谓。解者曰，檀喻其香也。后阅曾谦益李长吉诗注云：'潘安小字檀奴，故妇人呼所欢为檀郎。’然未知何据。”李贺字长吉。顾茂伦虽将曾益误为曾谦益，他的这个疑问却非常有道理，《晋书》和《世说新语》等有关晋代的史料中并没有潘岳小名“檀奴”的记载，最早的记载出自南宋吴正子之手，但南宋与晋代相去将近一千年，吴正子又是如何得知潘岳这个小名的呢？而且所有的人都不知道，就只有他一个人知道，不是一件极为可疑的事吗？

虽然是一桩疑案，但至迟在唐代已经开始流行“檀郎”的称谓，《全唐诗》中凡数十见。也许美男子潘岳的小名确实叫“檀奴”，也许潘岳像所有的美男子一样都喜欢涂脂抹粉，甚至使用刚刚传入的旃檀这种香料来涂染、敷体，“檀喻其香”，虽然史籍无载，这个词却因此成为女子对心爱男人的昵称，也算是一桩趣事了。

“檀口”和“檀郎”，这都是来自印度的旃檀的流风余韵啊！

中国和印度的距离如此之近，因此经由东南亚甚至直接从印度输入旃檀都是题中应有之义，但是诡异的是，正如本书引言所描述的，破除了阿拉伯人的贸易垄断之后，葡萄牙人和荷兰人先后对盛产香料的热带地区进行殖民和垄断，以至于此时的旃檀输入竟然需要经过荷兰人的中转。

清初著名诗人王士祯在《池北偶谈》中记载了一份康熙年间荷兰国王的进贡清单：荷兰国王遣使入贡，“内有刀剑八枚，其柔绕指；旃檀树四株，各长二丈许；西洋小白牛四，高一尺七寸，长二尺有奇，白质斑文，项有肉峰；荷兰马四，锐头卓耳，形态殊异；又玻璃箱、牡丁香、哆啰尼绒之属”。

将西洋小白牛和荷兰马赠送给康熙皇帝还则罢了，产于离中国咫尺之遥的旃檀树和丁香树居然也要经过他们之手，可见荷兰由于占据了香料群岛而对世界香料贸易的垄断之利。王士祯称之为“入贡”，不过是中国中心主义的心态作怪而已，人家用这些东西换取的，也许其价值还要大得多呢！

肉豆蔻

杜牧不是老流氓

“肉豆蔻”，出自《药用植物学》第三卷，约翰·斯蒂芬森、詹姆斯·莫尔斯·丘吉尔著，G.里德、查尔斯·摩根·柯蒂斯绘，英国伦敦，1831年出版。

肉豆蔻（拉丁名：*Myristica fragrans*），又名玉果、肉果、肉寇、迦拘勒等，肉豆蔻科肉豆蔻属小乔木。树高可达20米。叶椭圆形或椭圆状披针形，先端短渐尖。雄花序总状，具4—8花或多花，下垂；雌花序较雄花序长，具1—2花。果通常单生，梨形，具短柄，有时具残存的花被片；假种皮红色，至基部撕裂；种子卵珠形。原产摩鹿加群岛，现热带地区广泛栽培，为著名香料和药用植物。优质的肉豆蔻果呈黄色、红色或黄红色，当果实成熟时，它会裂成两半，露出果肉和鲜红的肉豆蔻。在欧洲中世纪黑死病蔓延时期，1磅肉豆蔻价值超过1磅黄金，因为人们相信它可以防瘟疫。

薛爱华在《撒马尔罕的金桃》一书中对“豆蔻”作了简要的辨析：“‘豆蔻’是一个集合词，包括中国土生的和外国的品种……但是豆蔻的分类学是一个非常混乱的问题。”

事实也正是如此，豆蔻的各种类别及其别名简直可说是令人眼花缭乱。简省起见，本文仅仅辨析与主旨相关的三种豆蔻：草豆蔻、白豆蔻、肉豆蔻。

“豆蔻”其名，最早出自《名医别录》。学者多认为《名医别录》成书于汉末魏晋时期，原书早已亡佚，南朝医药家陶弘景在撰注《本草经集注》时，将《名医别录》中的三百六十五种药物辑入，这才使得这本书中的主要内容得以保存下来。《名医别录》载："豆蔻，味辛，温，无毒。主温中，心腹痛，呕吐，去口臭气。生南海。"南海属秦代所立的南海、桂林、象郡这"岭南三郡"管辖，因此有的医学家也称豆蔻产于岭南。

"豆蔻"再见于典籍，则是在西晋植物学家嵇含所著的《南方草木状》，其中写道："豆蔻花，其苗如芦，其叶似姜，其花作穗，嫩叶卷之而生。花微红，穗头深色，叶渐舒，花渐出。旧说此花食之破气消痰，进酒增倍。泰康二年，交州贡一篚，上试之有验，以赐近臣。"

泰康应为太康，是晋武帝司马炎的年号，太康二年即公元281年，这一年岭南的交州(今越南中北部和两广一带)进贡了一筐豆蔻花，"篚(fěi)"是用来盛物的圆形竹器，晋武帝一试之下，果然可以"破气消痰，进酒增倍"，于是赐予近臣。

由这两笔记载可知，汉末魏晋时期，豆蔻已在"南海"广泛种植，此后渐渐北移，今天的岭南地区也开始种植。

北宋药学家唐慎微在《证类本草》中引述了比他早

三十年完成，但已经亡佚的苏颂的《图经本草》的记载，这段话可以视作对嵇含所做描述的总结和补充："《图经》曰：豆蔻，即草豆蔻也。生南海，今岭南皆有之。苗似芦，叶似山姜、杜若辈，根似高良姜。花作穗，嫩叶卷之而生，初如芙蓉，穗头深红色，叶渐展，花渐出，而色渐淡，亦有黄白色者。南人多采以当果。实尤贵，其嫩者，并穗入盐同淹治，叠叠作朵不散落。"

苏颂说得非常清楚，豆蔻即草豆蔻。因此，中国古代诗文中凡出现"豆蔻"一词的，无一例外皆为草豆蔻。

而白豆蔻，则要晚到唐代才为中国人所熟知。晚唐段成式在《酉阳杂俎》中第一次记载了白豆蔻："白豆蔻，出伽古罗国，呼为多骨。形如芭焦，叶似杜若，长八九尺，冬夏不凋。花浅黄色，子作朵如蒲萄。其子初出微青，熟则变白，七月采。"

薛爱华认为伽古罗国"显然在马来半岛西海岸。这个国家的名字仍然保留在阿拉伯文里，它的意思就是'豆蔻'（qāqulah）。看来这种植物是从爪哇带来的，而马来半岛则是出于商业的目的才种植这种植物的"。之所以称为"白豆蔻”，正如段成式所说，是豆蔻子“熟则变白”的缘故。

苏颂在《图经本草》中说：“今广州、宜州亦有之，不及番舶来者佳。”也就是说，白豆蔻在北宋时期方才移植入广州和宜州（属今广西河池市）等地，但品质远远不如马来半岛出产的。

最后来说肉豆蔻。用作名贵香料的豆蔻，指的就是肉豆蔻的果仁（豆蔻核仁）和果仁外面一层红色网状的假种皮（肉豆蔻皮）。肉豆蔻的原产地是印度尼西亚境内的摩鹿加群岛，即著名的“香料群岛”。杰克·特纳在《香料传奇》一书中对原产地的肉豆蔻进行了详细的描述：“这种树上长有一种像杏一样的球根状橘黄色果实。收获时用长杆打落，收集于筐中。果实在干时爆开，露出其中小而带香味的核仁：亮棕色的肉豆蔻仁被包在朱红色的肉豆蔻皮网中。在太阳下晒干后，肉豆蔻皮与仁剥离，颜色由深红变为棕红。与此同时，里边的带香味的仁变硬，颜色从鲜亮的巧克力色变为灰棕色，像一个坚硬的木头弹子。”

肉豆蔻在中世纪时传入欧洲，杰克·特纳记载：“1248年时在英国1磅肉豆蔻皮值4先令7便士，相当于买3只

《安汶之景》，佚名绘，布面油画，约 1617 年，荷兰国家博物馆藏。

这幅安汶岛（Ambon）的鸟瞰图是该岛首任荷兰总督弗雷德里克·豪特曼为东印度公司大厦委托佚名画家绘制的，画面右下角有豪特曼总督的肖像。中间岛上的城堡是该岛第一批殖民者葡萄牙人建造的，1605 年被荷兰人占领。岛屿郁郁葱葱，其间复杂的水域行驶着各种船只。

安汶地处摩鹿加群岛中部，葡萄牙人和西班牙人都将殖民中心建在这里。在殖民者到来之前，摩鹿加群岛上的统

治者与中国人和波斯人已经进行了数百年的香料贸易。中世纪的欧洲痴迷于摩鹿加群岛的香料，在十世纪的威尼斯，1磅肉豆蔻价值超过1磅黄金。1512年，葡萄牙人加入肉豆蔻贸易，随后是荷兰人和英国人。1677年，荷兰人为换取一个以肉豆蔻闻名的印度尼西亚岛屿（伦岛）将纽约的曼哈顿割让给英国人。从十六世纪二十年代到十九世纪第一个十年，为争夺岛上的肉豆蔻和丁香而进行的斗争非常激烈，以至于1621年有一万多名土著被屠杀。迷人的香料背后隐藏着血腥的历史。

羊的钱，这对于家境富裕的农民来说也是极昂贵的。大约在同一时期，1 磅肉豆蔻可以换回半头牛。”

中世纪欧洲人对肉豆蔻的想象简直令今天的人们吃惊。杰克·特纳的书中引述了十三世纪早期一位无名诗人的诗作《乐土》，其中吟咏道：

草原上有一棵树，亭亭玉立。
它的根是生姜和高良姜，芽是片姜黄。
花是三瓣肉豆蔻衣，而树皮
是香气熏人的桂皮。
果实是美味的丁香，还有无数荜澄茄。

荜澄茄是樟科植物山鸡椒的干燥成熟果实，可入药，也可用作调料和香料。杰克·特纳就此综述道：“这还不是香料的全部，在某个寺院的一口井中储满了香料酒，另一口井中储的是治病用的香料混合物。姜饼房的墙用丁香作钉，花园中的植物也是这位哲学家奇想的结晶，一棵多合一的香料树，根是生姜、高良姜，芽是片姜黄，肉豆蔻为花，树皮是桂皮，果实是丁香。这首诗的另一个流传版本中这样写道：‘生姜和肉豆蔻，都是可以吃的东西，他们用来铺路。’甚至狗的排泄物都是肉豆蔻子。”

肉豆蔻也是佛教仪式中的名贵香料。比如《观世音菩萨如意摩尼陀罗尼经》中说，“见者伏法无上成就”的修法，要用“牛黄、白檀香、郁金香、龙脑香、麝香、肉豆蔻、白豆蔻、丁香、红莲花、青莲花、金赤土，已上物等分，用白石蜜和之，此是转轮香，诵咒一千八遍而和合，烧以薰衣、涂额、涂眼睑上、涂身，所去之处，如日威光，众所乐见，若在手者悉皆成就，一切众生若贵若贱，自身及财亦皆归伏”。

中国古代药典均称豆蔻（草豆蔻）“无毒”，但肉豆蔻却有毒。名中医王瑞麟先生在《中药顺歌》一书中描述了肉豆蔻的毒性：“肉豆蔻油除有芳香性外，尚具有显著的麻醉性能，对低等动物可引起瞳孔扩大，步态不稳，随之睡眠、呼吸变慢，剂量再大则反射消失。人服7.5克肉豆蔻粉可引起眩晕乃至谵妄与昏睡，曾有因服大剂量而死亡的病例报告。肉豆蔻油的毒性成分为肉豆蔻醚，与肉豆蔻粉的中毒症状相似。肉豆蔻醚、榄香脂素对正常人有致幻作用。”据说爱喝苦艾酒的凡·高就是因为其中的苦艾脑和肉豆蔻的致幻作用所导致的慢性毒害而自杀身亡的。

肉豆蔻传入中国则要晚于西方世界。最早记录肉豆蔻的是公元八世纪的唐代医学家陈藏器，李时珍在《本草纲目》中引述陈藏器的话说：“肉豆蔻生胡国，胡名迦拘勒。大舶来即有，中国无之。其形圆小，皮紫紧薄，中肉辛辣。”不过，李时珍又引述五代药学家李珣的话说：“（肉豆蔻）生昆仑及大秦国。”薛爱华针对这一矛盾的说法评价道：“这种说法并没有告诉我们肉豆蔻的原产地，但是却向我们提供了许多有关肉豆蔻贸易范围的信息。”

以上即为豆蔻、白豆蔻和肉豆蔻的区别。

前段时间曾有网友晒出“肉豆蔻”的玉照，并且欲言又止地声称：“当我看到一个真正的肉豆蔻，我才明白，为什么十三四岁的女孩是豆蔻年华……杜牧你个老流氓！”这位网友的意思无非是说，开裂的肉豆蔻像极了少女的生殖器，但仍未被开苞，而杜牧的名篇《赠别》一诗，明着吟咏豆蔻，实则是形容少女的生殖器。这种联想可谓无知者无畏，同时又反映了粗俗不堪的内心世界。

我们来看一下杜牧的诗作："娉娉袅袅十三余，豆蔻梢头二月初。春风十里扬州路，卷上珠帘总不如。"这是诗人即将离开扬州时所作，赠别的对象是一位扬州歌妓。"豆蔻梢头二月初"，这是形容豆蔻在二月的初春开了花，后人因此用来比喻十三四岁的青春少女。

如前所述，公元八世纪的唐代人才知道肉豆蔻的核仁，而肉豆蔻的植株移植入中国则要晚到十一世纪的北宋初期，北宋药物学家苏颂说"今岭南人家亦种之"正是这一传入时间的最好证明。那么，既然如此，公元九世纪的杜牧怎么可能用开花的肉豆蔻来比喻少女呢？

况且，肉豆蔻既为热带植物，花期就比较靠后，正如苏颂所说："春生苗，夏抽茎开花，结实似豆蔻，六月、七月采。"而中国土生的草豆蔻的花期则恰恰在农历二月，正如苏颂所说："二月开花作穗房，生于茎下，嫩叶卷之而生，初如芙蓉花，微红，穗头深红色。"杜牧吟咏的二月初开花的豆蔻不是肉豆蔻，而是草豆蔻！再重复一遍：如前所述，中国古代诗文中凡出现"豆蔻"一词的，无一例外皆为草

花月洞房春

《元曲选》插图“张好好花月洞房春 杜牧之诗酒扬州梦”，明代臧懋循编，万历时期刊本，美国哈佛大学图书馆藏。

臧懋循(1550—1620)，字晋叔，号顾渚山人，浙江长兴人，明代戏曲家、戏曲理论家，以编著《元曲选》而闻名。《元曲选》是一部元杂剧总集，元曲之集大成者，分为十集，共收剧一百种，又名《元人百种曲》。

这两幅插图描绘的是元代乔吉创作的杂剧《杜牧之诗酒扬州梦》的故事。该剧简名《扬州梦》，大约是根据杜牧的《张好好诗》和《遣怀》等诗作敷衍出来的一段风月传奇。左图：唐代翰林侍读杜牧在好友豫章太守张府尹家宴上，与十三岁的家妓张好好初见。此时的好好正是诗中所写“娉娉袅袅十三余，豆蔻梢头二月初”的模样，令诗人“心悬意耿”。右图：三年后，好好被扬州太守牛僧孺收为义女。杜牧出差扬州，再见好好，恨无媒妁相通，一日游翠云楼，闷倦睡去，梦好好前来相会。故事的结局自然是才子佳人成就了一段姻缘。此剧情节单纯，胜在曲辞典丽，生气活泼，塑造出一个贪花恋酒的风流诗人形象。

豆蔻。

至于杜牧之所以会将十三四岁的少女比作草豆蔻，这是因为：第一，少女的容颜像刚开花的豆蔻一样“初如芙蓉花，微红”，这正是如实的写真。第二，草豆蔻开的花与同属姜科的山姜开的花极其相似，籽粒也极其相似，因此人们甚至将山姜子伪装成豆蔻子使用。李时珍《本草纲目》记载，苏颂曾引述唐代广州司马刘恂《岭表录异》的话说：“（山姜）茎叶皆姜也，但根不堪食。亦与豆蔻花相似，而微小尔。花生叶间，作穗如麦粒，嫩红色。南人取其未大开者，谓之含胎花。”所谓“含胎花”，是指尚未完全开放的山姜花，就像含胎欲开一样。

比较一下山姜花和草豆蔻花，就可以看出二者的相似程度。杜牧正是由此发想，将十三四岁的少女比作二月初尚未完全开放的豆蔻花。这个年龄段的少女已经发育成熟，但仍含苞未放，再过一年多就到十五岁，该举行中国古代少女的成年礼即“笄礼”了。“笄（jī）”就是簪子，十五岁的女子要把原来的垂发盘起来，绾成一个髻，再用簪子绾住，表示已经成年，可以嫁人为妻了。

“娉娉袅袅十三余，豆蔻梢头二月初”，这是对少女最为形象的写照，跟那种龌龊粗俗的联想完全扯不上关系。当然，杜牧也绝不是老流氓，对杜牧的误解和调侃，反而反衬了那些人的流氓心理。无知者无畏，信乎此言不诬也！

肉桂

凤凰在焚烧肉桂的香气中复活

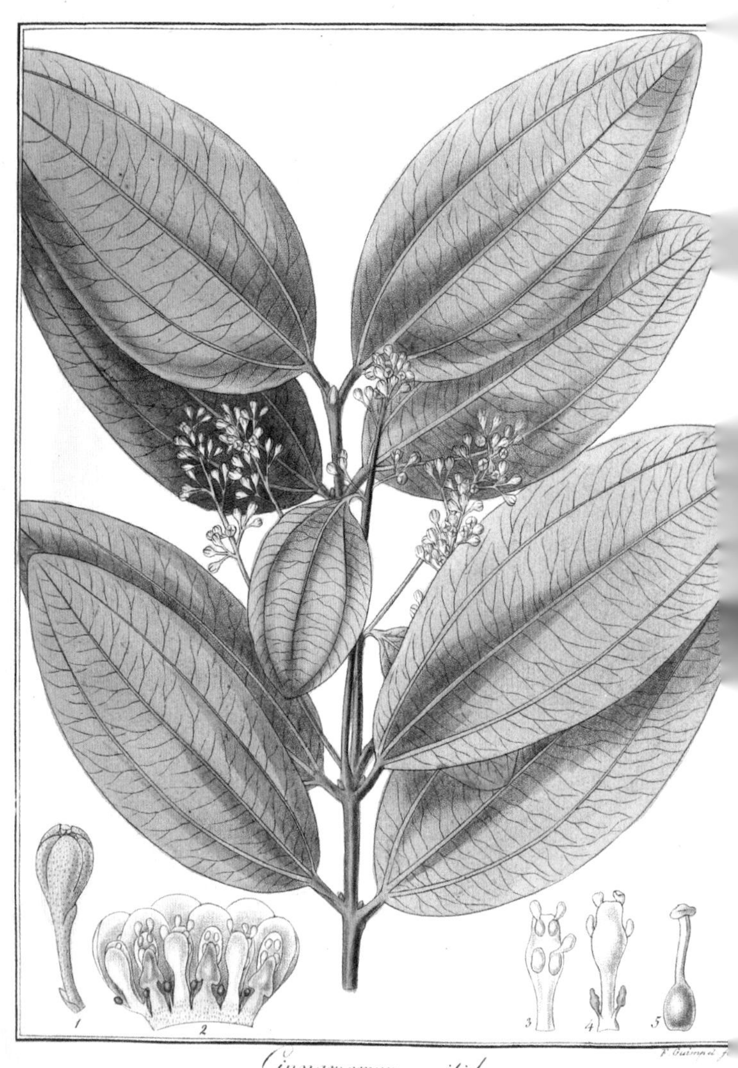
1
2
3
4
5
Cinnamomum nitidum.

“肉桂”，出自《医药科学中常用植物的标准展示和描述》第十二卷，弗里德里希·戈特洛布·海恩著，弗里德里希·吉姆佩尔、彼得·哈斯等绘，德国柏林，1833年出版。

肉桂（拉丁名：*Cinnamomum cassia*），又名玉桂、桂枝、桂皮等，樟科樟属常绿乔木。图中标注的“*Cinnamomum nitidum*”是其异名。树皮灰褐色，老树皮厚达1.3厘米。幼枝稍四棱，黄褐色，具纵纹。叶长椭圆形或近披针形，先端稍骤尖，边缘内卷，离基三出脉。圆锥花序腋生或近顶生，三级分枝，分枝末端为3花聚伞花序，花白色，花序梗与序轴均被黄色绒毛。果椭圆形，成熟时黑紫色，果托浅杯状。花期6—8月，果期10—12月。肉桂的树皮、叶及“桂花”（初结的果）均有强烈的肉桂味，枝、叶、果实、花梗可提制桂油，为珍贵香料。入药因部位不同，药材名称不同：树皮称肉桂，枝条横切后称桂枝，嫩枝称桂尖，叶柄称桂芋，果托称桂盅，果实称桂子，初结的果称桂花或桂芽。原产中国，分布于亚洲热带地区。

首先需要辨析的是两种肉桂。杰克·特纳在《香料传奇》一书中描述得简要又清晰，因此只需转述如下即可：“长有这种香料的桂树……是一种小的不起眼的常青树，外形有些像月桂，原产地是位于斯里兰卡岛西部和西南部的多雨地带。桂皮是由该树的内皮所制，用刀剥离，切成小块，置于太阳底下晾晒，使其卷曲成为干脆的像纸制的卷筒。桂树（*cinnamon*）最出名的亲缘植物是山扁豆肉桂（*cassia*），其原产地为中国，后广见于东南亚。山扁豆肉桂和其他一些肉桂品种被认为是桂树家族的穷亲戚，皮红而较粗糙，有更浓的辛香味。”

中国所产的肉桂又美称为“玉桂”，但正如杰克·特纳所说，这种桂不过是斯里兰卡肉桂的“穷亲戚”，品质差得很远。

作香料使用的是这种树的树皮，即我们熟知的桂皮。劳费尔在《中国伊朗编》一书中驳斥了肉桂和桂皮是由中国传入西方世界的谬论：“公元前 1500 年……黑海地方的肉桂树那时已在埃及碑文里提到；当时的中国只是在内地的一个农业小国，仅限于现在中国的北部，并不知道南方的肉桂树。在那个时代中国也绝不会有航海和海外贸易。汉语的‘桂’字在很早的年代就见过，但它只是樟科植物的通称……关键问题在于古代文献绝对未提‘桂皮’，即这种树皮的产物……谈到以这树皮（‘桂皮’）用于医药上的人最初是陶弘景（公元 451—536 年），在他之前或许没有人知道。但是若说在希罗多德时代或更早时代把肉桂运到闪族人、埃及人和希腊人居地去做买卖的也有中国人和越南任何民族，这话必须坚决予以斥驳。”

劳费尔所说“希罗多德时代”，指向的是公元前五世纪的古希腊历史学家希罗多德在《历史》一书中对肉桂的

東皇太一

《离骚图》卷二"东皇太一"，明末清初萧云从绘，清顺治二年（1645）刻本，美国国会图书馆藏。

萧云从（1596—1673），字尺木，号默思、无闷道人、钟山老人等，安徽芜湖人，明末清初画家。明崇祯十一年（1638）入复社，入清隐居不仕。精通六书、六律，工诗文，擅画山水，兼长人物、花卉。《国朝画征录》评其画曰："不专宗法，自成一家，笔亦清快可喜。"《离骚图》是他的人物画代表作，师李公麟白描技法，造型准确，神态生动，后人临摹者众多。刻本曾流传日本，影响了日本南画的创作。

此页绘制的是《九歌》第一篇《东皇太一》。其辞曰："吉日兮辰良，穆将愉兮上皇。抚长剑兮玉珥，璆锵鸣兮琳琅。瑶席兮玉瑱，盍将把兮琼芳。蕙肴蒸兮兰藉，奠桂酒兮椒浆。扬枹兮拊鼓，疏缓节兮安歌，陈竽瑟兮浩倡。灵偃蹇兮姣服，芳菲菲兮满堂。五音纷兮繁会，君欣欣兮乐康。"

"东皇太一"是先秦时期楚地神话中的最高神。这首楚辞描绘了人们选择吉日良辰，竭诚尽礼以祭祀东皇太一的仪式和场面。祭品中包括桂酒和椒浆。东汉学者王逸注："桂酒，切桂置酒中也；椒浆，以椒置浆中也。"桂酒是以玉桂浸制的美酒，玉桂即中国产的肉桂。屈原诗中所用的香草和其他植物都是楚地所产的本土风物。屈原之后，"桂酒"渐渐成为古人诗词中的习用词，后来就泛指美酒了。

记载。希罗多德把肉桂的原产地定为阿拉伯地区，并且记述了阿拉伯人采集肉桂的奇特方法："他们采肉桂的方法就更加奇怪了。他们说不出这种东西长在什么地方和什么样的土地培养这种东西，只是有一些人说，而且是好像有根据地说，它是生长在养育狄奥尼索斯的地方。据说，有一些大鸟，它们啄取腓尼基人告诉我们称为肉桂的干枝，把它们带到附着于无人可以攀登的绝壁上面的泥巢去。阿拉伯人制服这种鸟的办法是把死牛和死驴以及其他驮兽切成很大的块，然后把它们放置在鸟巢的附近，他们自己则在离开那里远远的地方窥伺着。于是据说大鸟便飞下来，把肉块运到鸟巢去；但鸟巢经不住肉块的重量，因而被压坏并落到山边；于是阿拉伯人便来收集他们所要寻找的东西了。肉桂据说就是这样收集来的，这样人们再把肉桂从阿拉伯运到其他国家去。"

这个神奇的传说其实只不过是阿拉伯人为垄断肉桂贸易编造出来的，如同我们此前讲到过的几乎所有的香料一样，希罗多德却信以为真了。不过，这个记载也说明了一个历史真相，即原产于斯里兰卡岛上的肉桂，是经由阿拉伯人传入西方世界的，直到十五世纪葡萄牙人发现了肉桂的真正产地之后，阿拉伯人的贸易垄断才被打破。

亚里士多德的学生和继承人、吕克昂学派的主持人特奥夫拉斯图斯也有过神奇的描述："他们说肉桂树生长于深峡幽谷中，那里有可以致人死命的毒蛇。他们把手脚包裹保护起来然后走进深谷，得到桂皮之后，他们把它分成三份，留下一份给太阳神。他们说，他们刚一离开那个地方，就看见桂皮着起火来。"（转引自《香料传奇》）

这就是古希腊人关于肉桂和太阳神之间关系的认识，即肉桂要用来供献给太阳神。不仅如此，著名的不死鸟菲尼克斯（Phoenix）也非常喜爱肉桂。古罗马诗人奥维德在长诗《变形记》中如此描写不死鸟："惟有一只鸟，它自己生自己，生出来就再不变样了，亚述人称它为凤凰。它不吃五谷菜蔬，只吃香脂和香草。你们也许都知道，这种鸟活到五百岁就在棕榈树梢用脚爪和干净的嘴给自己筑个巢，在巢上堆起桂树皮、光润的甘松的穗子、碎肉桂和黄色的没药，它就在上面一坐，在香气缭绕之中结束寿命。据说，从这父体生出一只小凤凰，也活五百岁。小凤凰渐渐长大，有了气力，能够负重了，就背起自己的摇篮，也就是父亲的坟墓，从棕榈树梢飞起，升到天空，飞到太阳城下，把巢放在太阳庙的庙门前。”（杨周翰译）

亚述人生活在西亚两河流域的北部，奥维德所描述的凤凰（Phoenix）即由亚述人的神话而来。Phoenix 的基本语义就是复活和永生，而具备同样特征的凤凰就是这种神鸟的中国式变体，因此对应的就是中国人常说的“凤凰涅槃”。凤凰涅槃的时候，借助的就有肉桂燃烧散发的香气。而在中国，肉桂和桂皮只用来入药，并没有古代西方世界将之神化后的种种引人入胜的传奇故事，此所谓距离产生美。

从菲尼克斯的神话发源，古代西方世界也开始把肉桂和桂皮用在葬礼之上。杰克·特纳描述说：“对罗马人来说，桂皮不单闻着有股圣洁之气，它本身就是一种圣化之物。对这种圣化显然有一种实际意义上的理解，把这种香料涂抹于尸体上或与尸体一同焚烧起着一种赎命的作用，就像神话中凤凰之死和再生一样……在这种意义上，肉桂的香味代表生命战胜死亡，即使不是实际带来也是象征着永生。

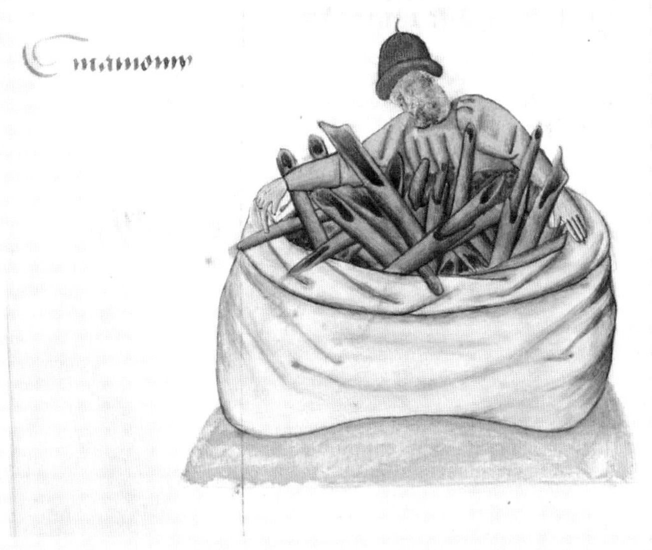

“肉桂小贩”，拉丁文写本《药草论著》插图，著者署名佩达尼奥斯·迪奥斯科里德，1458年，意大利埃斯特图书馆藏。

佩达尼奥斯·迪奥斯科里德是公元一世纪的希腊医生和植物学家，被认为是药理学之父，所著《药典》记录了约六百种药用植物及其效果和使用方法，广为传译，并在不同作者的补充和评论下沿用数个世纪。

这幅插图描绘了一个中世纪的肉桂小贩，可能是阿拉伯人，正试图搬运满满一大袋肉桂。这批货物想必价格不菲。肉桂的味道辛辣、温暖、甜美。在市场上，以这样的条状形式售卖的肉桂占大多数，此外肉桂还以粉末形式存在，不过肉桂粉的气味比较容易流失。除了作为神圣香料和春药，历史上肉桂还被用于治疗感冒、喉咙痛、牙痛、口臭、失眠、感染等症状。

死亡带有一股腐气，而永恒就像不死之神和凤凰一样，有神明的香料之气。”

肉桂和桂皮同样进入了宗教。杰克·特纳接着写道：“在古代后期，基督、圣母和圣徒都带上了一种很强的桂皮香的特征——鉴于桂皮曾被认为是引发情欲之物，这或许是有些讽刺意味的。在659—668年曾做过托莱多主教的圣伊德尔方索看来，与圣母身上的仙气最接近的就是桂皮的香气，它‘比桂皮更香’，这是中世纪著作中最悠久的俗成看法之一。”

《旧约·诗篇》中描述被神膏的王：“你的衣服都有没药、沉香、肉桂的香气，象牙宫中有丝弦乐器的声音，使你欢喜。”肉桂，同样是基督教的神圣香料。

《旧约·箴言》中还描写了一位妇人勾引少年人的场景。这妇人说：“我已经用绣花毯子和埃及线织的花纹布铺了我的床。我又用没药、沉香、桂皮薰了我的榻。你来，我们可以饱享爱情，直到早晨，我们可以彼此亲爱欢乐。”这就是杰克·特纳所谓“桂皮曾被认为是引发情欲之物”，中世纪的西方人几乎把所有的香料都当成了春药。

网上有一则流传极广的西施服用肉桂的故事，纯属无稽之谈。先引述于下：“相传古代四大美女之一的西施，抚琴吟唱自编的《梧叶落》时，忽感咽喉疼痛，遂用大量清热泻火之药，症状得以缓和，但药停即发。后另请一名医，见其四肢不温，小便清长，六脉沉细，乃开肉桂一斤。药店老板对西施之病略有所知，看罢处方，不禁冷笑：‘喉间肿痛溃烂，乃大热之症，岂能食辛温之肉桂？’便不予捡药，侍人只得空手而归。西施道：‘此人医术高明，当无戏言。眼下别无他法，先用少量试之。’西施先嚼一小块肉桂，感觉香甜可口，嚼完半斤，疼痛消失，进食无碍，大喜。药店老板闻讯，专程求教名医。名医答曰：‘西施之患，乃虚寒阴火之喉疾，非用引火归元之法不能治也。’肉桂用于治喉间痈疮，属特殊情况。”

首先，这一传说没有任何文献支持，所有的古籍中都查不到；其次，“肉桂”其名，晚至唐代药学家苏敬的《新修本草》中方才出现，春秋末期的西施和名医又是如何得知这一名称的？再次，所谓“肉桂用于治喉间痈疮，属特殊情况”，古代医典中也并无这一“特殊”的药方。不知道这个子虚乌有的传说是哪位好事者所为。

当然，肉桂引种于包括中国在内的热带和亚热带地区之后，因为产量丰富，价格一落千丈，再也无复古代贸易市场上的昂贵身姿了。

合欢

罗马人眼中的『丝绸树』

177

“合欢”，出自《亚洲植物》第二卷，纳撒尼尔·沃利克著，戈拉坎德、维什努珀索等绘，英国伦敦，1830—1832年出版。

纳撒尼尔·沃利克（1786—1854），生于丹麦的植物学家，1815—1846年担任东印度公司在加尔各答的植物园负责人。十九世纪二十年代，他和助手在印度、尼泊尔和亚洲其他地区收集了大约一万种植物。三卷本《亚洲植物》描述了许多未曾发表过的东印度植物。

合欢（拉丁名：*Albizia julibrissin*），又名马缨花、绒花树、合昏、乌绒树、拂缨等，豆科合欢属落叶乔木。树高可达16米，树冠开展；小枝有棱角。二回羽状复叶，羽片4—12对，小叶线形至长圆形，向上偏斜，先端有小尖头，有缘毛。头状花序呈伞房状排列，腋生或顶生。花淡红色，连雄蕊长25—40毫米，萼与花冠疏生短柔毛。荚果条形，扁平，幼时有毛。花期6—7月，果期8—10月。本种生长迅速，能耐砂质土及干燥气候，开花如绒簇，十分可爱。

日常生活中，经常会有人把合欢和含羞草混为一谈，认为两者是一回事，其实大谬不然。合欢和含羞草虽然同属蔷薇目豆科，而且都具备小叶片闭合的特征，但是含羞草属于亚灌木状草本植物，而合欢树则属于比含羞草高大的落叶乔木，花的颜色也不相同。简单来说，含羞草是“草”，合欢则是“树”。

那么，合欢是香料吗？答案是毫无疑问的。不仅合欢的树胶可以制成香料或入药，而且合欢的亲缘植物金合欢的树胶（被称为“阿拉伯树胶”）从公元一世纪开始就是国际贸易的重要产品。金合欢的树胶之所以被称为“阿拉伯树胶”，当然也跟阿拉伯人最初垄断了香料贸易有关。现在也还有各种合欢属的植物的花、茎等制成的合欢精油。

合欢树原产于亚洲热带地区，传入东西方的时间都非常之早。传入中国则是通过印度，这从合欢的梵语名称śirisa（尸利沙）即可得知。唐代高僧释慧琳在《一切经音义》卷八中解释说："尸利沙，梵语也，此翻为吉祥，即合昏树也，俗名为夜合树也。"宋代释法云所编《翻译名义集》中解释得更清楚："尸利沙或云尸利洒，即此间合昏树。有二种，名尸利沙者，叶实俱大，名尸利驶者，叶实俱小。又舍离沙，此云合欢。"

本书前引《金光明最胜王经·大辩才天女品第十五之一》中提到的"香药三十二味"中就有"合昏树（尸利洒）"这一名称。在中国，合欢树又有"合昏树""夜合树"的别称，正如唐代药学家陈藏器所说："其叶至暮即合，故云合昏。"这一特点与含羞草非常相像，因此往往被人们误为同一种植物。

古代中国文献中最早提到"合欢"其名的，据称是最早的医书《神农本草经》，但该书早已亡佚。东汉末年哲学家仲长统所著《昌言》中也提到了合欢，但该书也已亡佚，唐代大型类书《艺文类聚》的引文为：“仲长统《昌言》曰：汉哀帝时，有异物生于长乐宫东庑柏树，及永巷南闼合欢树，议者以为芝草也。群臣皆贺受赐。”根据这一记载，则合欢树早在西汉末年就已经由印度传入中国，恰是张骞“凿空”西域之后的物种输入。

“竹林七贤”之一的嵇康所作的《养生论》中写道：“合欢蠲忿，萱草忘忧。”这是合欢在中国文化谱系中第一次出现的象征意义。“蠲（juān）”是去除的意思，“蠲忿”即去除怨忿。这一象征意义也应当是承继佛教而来，因为三十二味香药本来就是进行佛教仪式时所用，而且还有安神、解郁的药理作用。况且据《增壹阿含经》，过去七佛的第四佛拘屡孙如来就是坐在尸利沙树下而成佛道的。既能在合欢树下成佛，“蠲忿”自然是小道耳。

“合欢蠲忿”与“萱草忘忧”对举。萱草俗称金针菜、黄花菜，《诗经·卫风·伯兮》中吟咏道：“焉得谖草，言树之背。”“谖草”即萱草，古人认为萱草乃是忘忧草，儿子远游之前，要在母亲所住的北堂的阶下种植萱草，盼望母亲忘掉儿子不在身边的忧愁，因此母亲又别称为“萱堂”。

西晋学者崔豹所著《古今注》中继承了合欢这一象征意义。在《问答释义》篇中，崔豹记载了当时四种植物的“花语”，非常有趣。

“牛亨问曰：‘将离相赠之以芍药者何也？’答曰：‘芍药一名可离，故将别以赠之，亦犹相招召赠以文无，文无一名当归也。欲忘人之忧，则赠之以丹棘，丹棘一名忘其忧草，使人忘其忧也。欲蠲人之忿，则赠之青堂，青堂一名合欢，合欢则忘忿。’”

公元三世纪时中国民间的“花语”就已经如此成熟了，真是令人大开眼界！崔豹在《草木》篇中又描述了合欢的形状：“合欢，树似梧桐，枝弱叶繁，互相交结，每一风来，辄自相解，了不相绊缀。树之阶庭，使人不忿。嵇康种之舍前。”

嵇康开创了“合欢蠲忿”这一“花语”，嵇康哥哥嵇喜的孙子嵇含也承此意涵，写有一首著名的《伉俪诗》，描写夫妻结婚以及婚后生活。写完结婚的热闹场面和拜见

《画班姬团扇》，明代唐寅绘，纸本设色，台北故宫博物院藏。

唐寅（1470—1524），字伯虎，小字子畏，号六如居士，南直隶苏州府吴县（今江苏苏州）人。明代著名书法家、画家、诗人，“吴门四家”之一。作画师承周臣而青出于蓝，广学宋、元名家，能将南宋院体画精谨秀丽的画法与元人清隽淡雅的笔墨融为一炉，行笔秀润缜密而有韵度，人物、仕女、楼观、花鸟无不臻妙。

此图取材自汉代班婕妤的《怨歌行》：“新裂齐纨素，皎洁如霜雪。裁为合欢扇，团团似明月。出入君怀袖，动摇微风发。常恐秋节至，凉飚夺炎热。弃捐箧笥中，恩情中道绝。”画中班婕妤手持一柄洁白的合欢扇，在几株棕榈树下独立玉阶，神情怅然，若有所思，前景以蜀葵花点出夏末秋初时令。此轴是唐寅四十岁左右的作品，技巧纯熟，格调隽雅，微带秋意的景物烘托出女子的心境，颇有感染力。

“合欢扇”又称宫扇、纨扇、团扇，以素色薄丝绢制成，以扇柄为中轴，左右对称似圆月，蕴含着团圆或男女欢会之意。团扇出现于秦汉时期，最初都是素面，晋代出现画扇，到宋代团扇绘画蔚然勃兴，成为中国绘画艺术中一个重要分支。

公婆的喜庆场面之后，嵇含用“饥食并根粒，渴饮一流泉”等六联诗句表达了一年四季永不分离的山盟海誓，最后是“临轩树萱草，中庭植合欢”一句，让忘忧草和合欢树来见证夫妻俩坚贞不渝的爱情。看来嵇氏家族都喜欢种植这两种植物，而且在嵇含的诗中，“合欢蠲忿”的语义已经弱化，取而代之的是用“合欢”这一意象来比喻夫妻感情相合、同欢共苦的美好愿望。

合欢树真是一种讨趣的树，将梵语的“吉祥树”（尸利沙）意译为“合欢”，实乃绝妙的翻译。中国文化谱系中开始大量出现以“合欢”命名的物件：合欢扇，合欢襦，合欢被，合欢钗，合欢帽，合欢袴……强烈表达了古人的世俗生活中对爱情的赞美和渴望之情。

不仅古代中国如此，德国著名的植物学家玛莉安娜·波伊谢特在《植物的象征》（*Symbolik der Pflanzen*）一书中写道：“北美南部的印第安人在订婚仪式上要把一枝（最好是开花的）金合欢递到新娘手上，以示她的爱情坚贞不渝。”金合欢是合欢的亲缘植物。

最有趣的要算是合欢树的英文名称：Silk Tree，也就是“丝绸树”。黄普华先生在《植物名称研究专集》中写道：合欢属“是源于花的雄蕊多数，20—50 枚，花丝丝状，长达 4 cm，纤细露出花冠外，故称‘Silk Tree’”。

但是让我们重温一下古希腊和古罗马人对中国丝绸的神奇耳闻吧。著名学者耿昇先生在《中法文化交流史》中总结了这种种神奇的耳闻：“维吉尔（Virgile，公元前70—公元 19 年）在其《田园诗》（《牧歌》）中写道：‘赛里斯人从他们那里的树叶上采下了非常纤细的羊毛。’斯特拉波（Strabon，公元前 58—公元 21 年）在其《舆地书》中说赛里斯国的‘某些树枝上生长出了羊毛’。赛奈格（Sénèque，公元前 4—公元 65 年问世的《哲学家赛奈格》）说：‘女子们……也不要遥远的赛里斯人采摘他们树丛中的丝线’；‘她们也不用刺绣旭日出处的赛里斯人采自东方树上的罗绮’……公元 25—101 年伊塔利库（Italicus）在《惩罚战争》一书中提到‘晨曦照耀中的赛里斯人前往小树林中去采集枝条上的绒毛’。‘赛里斯人居住在东方，眼看着大火（火山）的灰烬漂白了他们长满羊毛的树林，真是蔚为奇观’。斯塔西（Stace，40—96 年）在《短诗集》

中说：‘赛里斯人吝啬至极，他们把圣树枝叶剥摘殆尽，我对此深感惋惜。’……四世纪末的普里西安（Priscien）在《百科事典》中，认为赛里斯人‘利用从他们国土荒凉地区中采来的花朵，纺织出衣装并精心缝制’。”

最著名的则是古罗马历史学家老普林尼在公元一世纪所写的《自然史》一书中的描述：“在那里首先遇到的一族人是赛里斯人，他们以其树木中出产的羊毛而名闻遐迩。赛里斯人将树叶上生长出来的白色绒毛用水弄湿，然后加以梳理，于是就为我们的女人们提供了双重任务：先是将羊毛织成线，然后再将线织成丝匹。它需要付出如此多的辛劳，而取回它则需要从地球的一端翻越到另一端：这就是一位罗马贵夫人身着透明薄纱展示其魅力时需要人们付出的一切。”（转引自裕尔著《东域纪程录丛：古代中国闻见录》[*Cathay and the Way Thither*]）

一般认为“赛里斯人”（Sêres）是当时的希腊、罗马人对古代中国人的称谓，意为丝国人，耿昇先生更认为“特别是中国西北人”的称谓。既然如此，那么合欢树（Silk Tree）有没有可能就是古希腊和古罗马人认为的出产羊毛的树呢？合欢树的花丝呈丝状，也许古希腊和古罗马人见到这种树后，就以为树上长的是羊毛，因此称呼此树为“丝绸树”。不过包括老普林尼的著作在内的记载都没有明确指出出产羊毛的树到底叫什么名字，因此这只能属于一种猜测了。

这就是合欢树前世今生的传奇故事。谁又能够想到，这株娇弱的落叶乔木，在西方世界中，竟然还有一个“丝绸树”的美丽别名呢！

“潘菲勒”，法文写本《名媛》插图，细密画，约1440年，大英图书馆藏。

这部中世纪泥金写本是意大利文艺复兴时期的杰出作家薄伽丘《名媛》（又译“著名女性”）一书的佚名法文译本。《名媛》是西方女子传记文学的开山之作，记述了一百零六位神话中和历史上的女性，赞美她们在智力、文学、道德和创造力等方面的成就。此写本的彩绘装饰是由一位十五世纪的鲁昂艺术家完成的，真实姓名已佚，因曾为约翰·塔尔博特装饰了两部手稿，被后人称为塔尔博特大师。

这幅插图描绘的是普拉提亚之女潘菲勒。她的故事来自古希腊先哲亚里士多德的记述。亚里士多德在《动物志》一书中说，在一个名为科斯岛的地方，有一种有角的大毛毛虫，形变先为幼虫，次为蛹，然后出蛾，一个变态过程要用六个月的时间。据说那里的女人会剥这种大蚕蛾的茧抽丝，再用这些丝缠成线，织成布。一个名叫潘菲勒的女子率先发明了这种丝织品。这幅插图表现了潘菲勒从树上收集蚕茧和利用蚕丝纺线织布两个场景。亚里士多德是西方最早提到蚕蛾的人，不过潘菲勒发明丝织物的传说自然是不准确的。直到六世纪东罗马帝国时期，蚕种和养蚕制丝技术才传入西方。

没药

东方公主那苦涩的眼泪

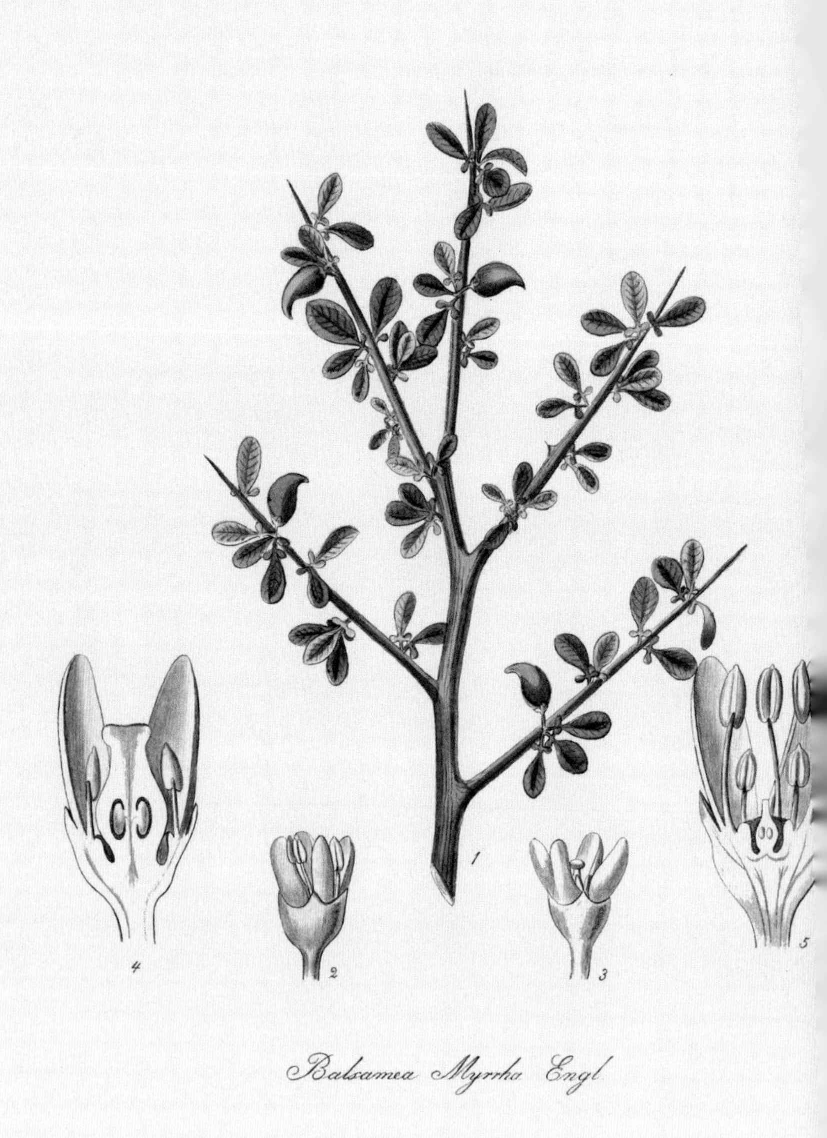
1
2
3
4
5
Balsamea Myrrha Engl.

“没药”，出自《德国药典中的植物：医药专用版》，弗里德里希·格奥尔格·科尔著、绘，德国莱比锡，1891—1895年出版。

弗里德里希·格奥尔格·科尔（1855—1910），德国植物学家，擅绘制植物学和动物学插画。《德国药典中的植物：医药专用版》一书由他亲撰亲绘，包含一百七十三幅药用植物手绘彩色插图。

没药（拉丁名：*Commiphora myrrha*），又称索马里没药、非洲没药，橄榄科没药树属植物。图中标注的“*Balsamea myrrha* Engl.”是其异名。没药是用于生产没药树脂的主要树种之一，原产阿拉伯半岛和非洲。树为粗壮、多刺的灌木或小乔木，高至4米。外层树皮银色、白色或蓝灰色，从较绿的下层树皮上剥落大或小的纸质薄片，会渗出半透明淡黄色胶状树脂。枝条有刺尖和结节。叶纸质，灰绿色或有白霜，椭圆形、匙形或披针形。雄花通常早熟，2—4朵成二歧聚伞花序。花托杯形，花瓣长圆形。果实1—2枚，生在有节的茎上，卵圆形，扁平，具喙；种子光滑。这是一个形态非常多变的树种。没药树脂可抗真菌、抗虫害，在犹太人和埃及人的历史上一直用作防腐剂，传说古希腊士兵会带着没药上战场，用来治疗伤口。

《圣经》把没药称作“上品的香料”，它在《圣经》中出现的频率非常之高，尤其在《旧约·雅歌》中，没药的身影更是频频闪现：“我以我的良人为一袋没药，常在我怀中。”“我要往没药山和乳香冈去，直等到天起凉风，日影飞去的时候回来。”“我妹子，我新妇，我进了我的园中，采了我的没药和香料，吃了我的蜜房和蜂蜜，喝了我的酒和奶。我的朋友们，请吃！我所亲爱的，请喝！且多多地喝！”“我起来，要给我良人开门；我的两手滴下没药，我的指头有没药汁滴在门闩上。”“他的两腮如香花畦，如香草台。他的嘴唇像百合花，且滴下没药汁。”

没药不仅比喻爱人，在《新约·马太福音》中，没药更是神圣之物。当耶稣出生在犹太的伯利恒的时候，“有几个博士从东方来到耶路撒冷”，要去拜见耶稣，他们“进了房子，看见小孩子和他母亲马利亚，就俯伏拜那小孩子，揭开宝盒，拿黄金、乳香、没药为礼物献给他”。美国学者奚密在《香：文学·历史·生活》一书中认为：“它们象征耶稣的三重身份：黄金象征万王之王，乳香象征无上之神，而没药象征凡人肉身。”没药之所以象征凡人肉身，是因为当时的人们常常用没药制成防腐剂，比如古埃及人在制作木乃伊时就需要用到没药，因此没药乃凡人所用。

同时，没药还是耶稣受难的象征。《新约·马可福音》记载：耶稣被钉在十字架上之前，兵丁们“拿没药调和的酒给耶稣，他却不受”。没药也可以用作止痛剂，饮下没药酒，就可以减缓钉十字架的疼痛，但是耶稣并没有接受。《新约·约翰福音》则记载道：耶稣死后，“这些事以后，有亚利马太人约瑟，是耶稣的门徒，只因怕犹太人，就暗暗地作门徒。他来求彼拉多，要把耶稣的身体领去。彼拉多允准，他就把耶稣的身体领去了。又有尼哥底母，就是先前夜里去见耶稣的，带着没药和沉香约有一百斤前来。他们就照犹太人殡葬的规矩，把耶稣的身体用细麻布加上香料裹好了。在耶稣钉十字架的地方有一个园子，园子里有一座新坟墓，是从来没有葬过人的。只因是犹太人的预备日，又因那坟墓近，他们就把耶稣安放在那里。”这一“殡葬的规矩”，正符合当时人将没药、沉香等香料用作防腐剂的习俗。

没药树属于橄榄科植物，生长于沙漠边缘的干燥地带，因此原产地就在东非的埃塞俄比亚和索马里，以及西亚的阿拉伯地区。没药树的树脂新鲜时呈黄白色，干燥之后变成红棕色或黑色，这就是当作香料和防腐剂、止痛剂等药用的没药。

没药传入中国的时间要比西方晚得多。唐人李珣所著《海药本草》早已亡佚，只有一部分保存于后世的药典之中。该书记载：“没药：谨按徐表《南州记》：生波斯国，是彼处松脂也。状如神香，赤黑色，味苦、辛，温，无毒。主折伤马坠，推陈置新，能生好血。凡服皆须研烂，以热酒调服，近效。堕胎，心腹俱痛，及野鸡漏痔，产后血气痛，并宜丸散中服尔。”

“徐表《南州记》”为徐衷《南方记》之误。徐衷是晋代人，如果这一记载可信的话，那么没药早在晋代就已经经由波斯传入了中国，而且当时的中国人清清楚楚地知道它的疗效。记载北朝历史的《北史》中则提到葱岭以北的漕国出产没药。晚唐段成式在《酉阳杂俎》中也说“没树，出波斯国”。李时珍在《本草纲目》中引北宋药学家苏颂的话说：“今海南诸国及广州或有之。木之根株皆如橄榄，叶青而密。岁久者，则有脂液流滴在地下，凝结成块，或大或小，亦类安息香。”根据这一记载，没药又像经由东南亚输入广州。也许，这是海、陆两条不同的传播路线吧。

“没药”的“没”读音是mò，是阿拉伯语murr的一种近似的译音，因此又可写作“末药”。没药传入中国后，仅仅作药用，薛爱华在《撒马尔罕的金桃》一书中说：“我在唐朝的有关文献中还没有发现将没药用作焚香或者是香脂的记载。”阿拉伯语murr的意思是“苦”，古代中国的药物学家，比如徐衷，就老老实实地记载没药的性状为“味苦、辛”，而紧随这一名称的最为有趣的神话故事却被忽

廣州沒藥

《金石昆虫草木状》卷二十一“广州没药”，明代文俶绘，万历时期彩绘本。

文俶（1595—1634），明代女画家。俶，一作淑。字端容，署寒山兰闺画史，长洲（今江苏苏州）人，“明四家”之一文徵明的玄孙女。聪颖明慧，幼承家学，平时喜写生，亦工仕女，擅花卉草虫，勾勒精细，设色妍丽。“所见幽花异草，小虫怪蝶，信笔渲染，皆能模写性情，鲜妍生动。”（钱谦益语）

《金石昆虫草木状》是文俶传世作品。根据她的丈夫赵均手写的序文，书中大部分作品都是文俶精心描摹的内府珍藏的本草图，以工笔描绘，粉彩敷色，摹写了一千多种金石昆虫草木情状。

中国的本草记载没药出自波斯。李时珍《本草纲目》中引北宋苏颂的话说：“今海南诸国及广州或有之。木之根株皆如橄榄，叶青而密。岁久者，则有脂液流滴在地下，凝结成块，或大或小，亦类安息香。”此幅“广州没药”可以说是书中文字的忠实具现。树脂沿着树干缓缓流淌，渐渐凝结在树下，好似密耳拉的血泪一般。

略了。相反，古希腊人和古罗马人不仅继承了这个神话故事，而且将其发扬光大，最终把它融进了自己的神话系统之中。

Murr 的神话故事出自西亚的叙利亚或者亚述，也有说是出自地中海东部、欧亚交界处的塞浦路斯，公元前极早的时候就传入了古希腊，但叙述最详细的版本则是公元前后古罗马诗人奥维德的名作《变形记》。

在《变形记》中，奥维德首先指出没药的产地："潘凯亚可以盛产香膏，肉桂、香术、树上溢出的乳香和各种香花，但是它也产没药树，这却是不值得羡慕的，这新树种的出现是付出很大的代价的。"潘凯亚是阿拉伯以东盛产香料的岛屿。

然后奥维德哀叹道："恨自己的父亲，是罪过；可是你这种爱比起恨来，是更大的罪过。"这句话揭开了一个残酷的故事。

亚述国王喀倪剌斯（Cinyras）的女儿密耳拉（Myrrha）不可救药地爱上了自己的父亲，她也知道和父亲的结合绝无可能，"她决定一死。她下了床，决定投环自缢，把个绳圈套在房梁上，说道：'亲爱的喀倪剌斯，别了，你要了解我死的原因！’说着就把雪白的头颈套进环里”。

密耳拉并没有死成，她忠心耿耿的奶娘听到动静，救下了她，并且答应帮她的忙。“这时正是已婚的妇女庆祝一年一度的刻瑞斯女神节，她们身上都穿了雪白的袍子，用第一批收割的麦穗编成环献给女神，九夜禁止和男子发生关系。在那妇女群中也有国王的妻子肯克雷伊斯，她也来参礼。因此，合法的妻子离去，国王就空床独处。”

密耳拉的奶娘撒了一个谎，把密耳拉送上了父亲的床榻。“她离开的时候，已怀上了罪恶的孕。第二夜他们又重复犯罪，而这远非最后一次。最后喀倪刺斯忍不住想看看情人的模样，取来一盏灯，灯下照见的是自己的女儿和自己的罪行。他痛苦得说不出话来，从挂着的剑鞘里抽出明晃晃的宝剑。密耳拉趁着黑夜的阴影抽身逃跑，才免得死在剑下。”

此后密耳拉到处流浪，但是肚子里的胎儿越来越大。走投无路的密耳拉向天神祷告，于是，“就在她说话的时候，大地把她的腿埋上了，脚趾破裂，长出根须，向斜里伸展出去，支持着修长的树身；她的骨骼也变成坚硬的木头，骨髓依旧，而血液却变成了树液，手臂变成了大树枝，手指变成了小树枝，皮肤变成了坚硬的树皮。树在长着，包住了她沉重的肚子，掩没了她的胸，眼看就要盖住她的颈部，她忍受不了这样的拖延，她缩下头去凑那向上长的树，把脸埋进树皮里。她的身体虽然失去了旧日的感觉，但是她还能流泪，热泪从树上一滴一滴地流下来。甚至她流的泪也很有名气，从树干上渗出来的树脂至今还保留着女主人的名字叫'木拉'，这是永世不会被人遗忘的"。

"木拉"（Murra）即没药的树脂，就是从密耳拉（Myrrha）的名字和眼泪而来。

故事还没有完。奥维德继续写道："这个乱伦而怀孕的胎儿在树身内日渐成长，就想找条出路，脱离母体。树身的中部膨胀了，母亲觉得腹中沉重不堪，感到产前的阵痛，但是喊不出声音来……它看去仍像个挣扎着的产妇，弯着树身，时常发出呻吟，眼泪下落，树身尽湿……不久，树爆开了，树皮胀裂，生下了一个呱呱喊叫的男孩。林中的女仙们放他睡在柔软的草地上，用他母亲的眼泪当油膏，敷在他身上。甚至嫉妒女神也不得不称赞他的美。"（以

《阿多尼斯的诞生》，版画，安东尼 · 布洛克兰特 · 范 · 蒙特福特设计，菲利普斯 · 哈勒出版，比利时安特卫普，约1577—1581年出版，荷兰国家博物馆藏。

安东尼·布洛克兰特·范·蒙特福特（1533或1534—1583），荷兰画家，作品以《圣经》场景、神话题材和肖像画为主，属于风格主义流派。

这幅版画描绘了《变形记》中阿多尼斯出生的一幕。因乱伦而怀孕的密耳拉被众神变成一株没药树，胎儿在树身内逐渐长成，树身扭曲挣扎，树皮胀裂，生下来一个男孩，这就是阿多尼斯。林中的女仙们为他接生，用他母亲的眼泪当油膏，敷在他身上。有人认为，这个故事反映了采收没药的方法。

上为杨周翰译）

这个男孩就是著名的每年死而复生的植物神阿多尼斯（Adonis），也是著名的美男子，妇女们崇拜的对象。而他的母亲密耳拉，就此变成了没药树，她苦涩的眼泪，就是没药的树脂。这就是阿拉伯语 murr（苦）和没药的英文名称 myrrha 的来历。顺便说一句，密耳拉的名字不仅成了没药树之名，还被用来为人类发现的第三百八十一颗小行星“没女星”（381 Myrrha）命名。

古代中国的医学家没有一个知道，当他们用“味苦、辛”的没药为病人治病的时候，其实用的是可怜的密耳拉那苦涩的眼泪呀！

龙涎香

烟缕竟然可以用剪刀剪断

LE CACHALOT MACROCÉPHALE.
Publié par Furne, à Paris

“搁浅在礁石和海岸之间的抹香鲸”，出自《拉塞佩德自然史》第一卷，贝尔纳 · 热尔曼 · 德 · 拉塞佩德著，法国巴黎，1876—1881年出版。

贝尔纳·热尔曼·德·拉塞佩德（1756—1825），法国博物学家、活跃的共济会成员。他是一位早期进化论者，主张物种会随着时间的推移而变化，可能会因地质灾难而灭绝或“变质”成新物种。他以续写布冯的伟大著作《自然史》而闻名。

抹香鲸（拉丁名：*Physeter macrocephalus* 或 *Physeter catodon*）是抹香鲸科抹香鲸属哺乳动物，是世界上最大的齿鲸，遍布三大洋，会进行明显的季节性迁徙，主要吃鱿鱼，鲸群内具有复杂的社会结构，以丰富变化的滴答声为“语言”沟通。雌性抹香鲸和年轻雄性成群生活在一起，成熟的雄性则在交配季节之外独自生活。雌性每四到二十年生一胎，照顾幼鲸需十多年。成熟的抹香鲸几乎没有天敌，背部肤色深灰至暗黑，在明亮阳光下呈现为棕褐色，腹部银灰发白。抹香鲸的身型具有明显的雌雄二型性，雄性体型远大于雌性，平均体长雌鲸约10—12米（体重约12—18吨），雄鲸14—18米（体重约40—60吨），部分雄鲸体长可超过20米，体重超过70吨。头部占总体长的三分之一，种名*macrocephalus*源自希腊文，意为“大头”。它是潜水高手，可深潜2 000多米。一头成年抹香鲸可以活七十年或更长时间。在商业捕鲸盛行的年代，人们为了获取鲸油与鲸脑油，将抹香鲸视为头号猎捕目标，令其数量锐减。现今世上约存有十多万头抹香鲸。

顾名思义，“龙涎香”就是龙的涎沫制成的香，正如明代名医汪机所说：“龙吐涎沫，可制香。”这当然是神话传说。

作为极名贵的香料，在古代中国，龙涎香起初并不叫这个名字，而是叫“阿末香”。第一个记载这种奇特香料的人，是晚唐博物学家段成式，他在《酉阳杂俎·境异》中写道：“拨拔力国，在西南海中，不食五谷，食肉而已。常针牛畜脉，取血和乳生食。无衣服，唯腰下用羊皮掩之。其妇人洁白端正，国人自掠卖与外国商人，其价数倍。土地唯有象牙及阿末香。波斯商人欲入此国，团集数千人，赍绁布，没老幼共刺血立誓，乃市其物。”

一般认为，拨拔力国是非洲古国，“拨拔力”是索马里北部柏培拉（Berbera）的音译，是古代东西方交通线上的重要港口。段成式肯定没有去过索马里，只不过是道听途说，应该是从来唐的阿拉伯商人那里听到的。“赍（jī）”是携带的意思，“绁（xiè）布”即棉布。波斯商人如果想跟拨拔力国进行交易，要聚集数千人之多，携带着该国不出产的棉布，不论老幼还得与当地人刺血立誓，这才可以用物品来交易象牙和阿末香。

段成式又说：“大食频讨袭之。”大食即波斯，也就是说，象牙和阿末香的贸易为波斯商人所垄断。

阿末是阿拉伯语“anbar”的音译。薛爱华在《撒马尔罕的金桃》一书中解释说：“‘ambergris’（阿末香）这个英文单词的意思是‘灰琥珀’，但是先前这个单词只是简单地作‘amber’（琥珀），而‘amber’则来源于阿拉伯单词‘anbar’。”

龙涎香和琥珀的样子相似，因此才有这样的名称。龙涎香其实就是抹香鲸肠道里的分泌物。有些难以消化的固体物质进入抹香鲸的肠道后，为了排出异物，肠壁就会加大水分吸收，使异物变小，以便排出体外。久而久之，就形成了龙涎香，有的顺利地排出了体外，在海水中漂浮，有的更大的则无法排出，积聚在体内，甚至可达数百千克之重。这种分泌物为灰色的固态蜡状凝结物，可以燃烧，香味独特而浓郁。

阿拉伯著名的民间故事集《一千零一夜》中，辛巴达第六次航海旅行由于走错了航线，在不知名的大海上，大船被礁石撞得粉碎，辛巴达侥幸逃脱，爬上一座荒岛，漫步所见，发现一条河流，“河床中和附近的地区，出产珠宝玉石和各种名贵的矿石，光辉灿烂，数目之多，有如沙土。那里还出产名贵的沉香和龙涎香。龙涎香像蜡一般，遇热溶解，流到海滨，泛出馨香气味，常被媪鲸吞食；它在媪鲸腹中起过变化，再从媪鲸口中吐出来，凝结成块，浮在水上，变了颜色、形状，最后漂到岸边，被识货的旅客、商人收起来可以卖大价钱。那里的龙涎泉发源于崇山峻岭中，没有人能够攀缘上去”。

这个故事说明，阿拉伯人早就知道龙涎香是从鲸鱼的腹中吐出来的，气味馨香，价格昂贵。不过，他们对龙涎香形成机制的了解却并不确切，正如薛爱华所说：“在中世纪时，人们对于阿末香的真正来源并不清楚。有些波斯和大食的学者‘将它看成是从海底的泉水中流出来的一种物体；有些人则认为它就是露水，这种露水是从岩石中生出来，然后流进了大海，最终在大海里凝结在了一起；而其他人却坚持认为它不过是一种动物的粪便而已’。”

上述辛巴达的观点就属于第一种，他认为龙涎香是从龙涎泉里流出来的，被鲸鱼吞食后再吐出来。很显然这种观点是错误的。

“龙涎”其名，《全唐诗》中已经出现，但都是比喻龙的涎沫。直到比段成式稍晚的苏鹗所著的《杜阳杂编》，方才可以视之为“龙涎香”之称的雏形。该书记载，咸通九年（868），唐懿宗的爱女同昌公主下嫁新科进士韦保衡，唐懿宗所赐的珍宝不计其数。有一次同昌公主大宴韦氏家族，“玉馔俱列，暑气将甚，公主命取澄水帛，以水蘸之，挂于南轩，良久满座皆思挟纩。澄水帛长八九尺，似布而细，明薄可鉴，云其中有龙涎，故能消暑毒也”。

“龙涎香”，《健康全书》插图，伊本·巴特兰著，泥金写本，约1400年，法国国家图书馆藏。

《健康全书》是十一世纪的阿拉伯医学著作，图文并茂，涉及卫生、饮食和运动等问题。它在十六世纪的持续流行和出版，被认为是阿拉伯文化对现代早期欧洲的影响的证明。

这一页介绍了龙涎香的获取方法和药用价值。中世纪时，阿拉伯人并不清楚龙涎香的真正来源。《一千零一夜》中描述龙涎香像蜡一般遇热溶解，流到海滨，被媪鲸吞食，后被鲸吐出，凝结成块，漂到岸边。此插图似乎就是据此而绘。水中隐隐有两条大鱼的影子，一个人赤脚在河滩上搜寻。插图下的文字介绍了其性质和功用：性燥热；灰色、浅色、油润者最佳。益处是可以增强心脏功能，使精神活跃，适于体寒者、老年人，冬季和北方地区；对那些常害热头痛的人不利，用樟脑和闻女贞花可以补救。

“纩（kuàng）”指新丝绵絮做的棉衣。因为帛中有“龙涎”，可以消去暑毒，以至于盛夏之时，竟然人人都想穿上棉衣！这里的“龙涎”，当然不可能真的是龙的涎沫，极有可能就是龙涎香。但龙涎香究竟有没有消暑功能，那就不知道了，也许仅仅是苏鹗的演义而已。

薛爱华说：“‘龙涎’一词的新用法的出现，大约是在宋朝的初年，它的出现与阿末香真正传入中国的时间，似乎正好是在同一个时期——这时实实在在的阿末香开始取代了关于它的传说。”如果同昌公主澄水帛中的“龙涎”就是龙涎香，那么它真正传入中国的时间就是晚唐。

不过，苏鹗的记载过于含糊，而北宋大诗人苏轼在诗中正式将阿末香比作了“龙涎”。这首诗的题目非常长：《过子忽出新意，以山芋作玉糁羹，色香味皆奇绝。天上酥酡则不可知，人间决无此味也》。“过子”指苏轼的儿子苏过，写这首诗时，苏轼被贬谪到海南岛的儋州，苏过随行。“糁（sǎn）”指以米和羹。苏轼被贬之后，生计艰难，因此苏过用山芋做成羹，苏轼誉之为“玉糁羹”，可见其乐观的心态。“酥酡”是印度美味的酪制食品。

全诗如下：“香似龙涎仍酽白，味如牛乳更全清。莫将南海金齑脍，轻比东坡玉糁羹。”“齑（jī）”指捣碎的姜、蒜或韭菜末；“脍（kuài）”指细切的肉或鱼，这里指的是三尺以下、霜后的鲈鱼，制成干脍，和香柔花叶一起细切调匀食用，肉白如雪，不腥，这就叫“金齑玉脍”或“金齑脍”，乃是东南沿海的美味，据说菜名还是隋炀帝给取的。

“香似龙涎”，可见苏东坡的时代，已经将阿末香的名字更改为龙涎香了，而且与“龙”有关的传说非但没有消失，反而变本加厉。南宋学者周去非所著《岭外代答》一书记载岭南风物，其中《宝货门》有“龙涎”一条，如此写道：“大食西海多龙，枕石一睡，涎沫浮水，积而能坚。鲛人探之以为至宝。新者色白，稍久则紫，甚久则黑。因至番禺尝见之，不薰不莸，似浮石而轻也。人云龙涎有异香，或云龙涎气腥能发众香，皆非也。龙涎于香本无损益，但能聚烟耳。和香而用真龙涎，焚之一铢，翠烟浮空，结而不散，座客可用一剪分烟缕。此其所以然者，蜃气楼台之余烈也。”

周去非描述龙涎香“不薰不莸”，既不香也不臭，它的特点在于能够“聚烟”，意思是将各种香料跟龙涎香调和在一起，焚香之时，烟气上升，浮在空中，凝聚而不会散开，甚而至于可以用剪刀将烟缕剪断！真是太神奇啦！

南宋末年陈敬所著《陈氏香谱》中引述了稍早的叶廷珪《香谱》中的记载：“龙涎出大食国，其龙多蟠伏于洋中之大石，卧而吐涎，涎浮水面，人见乌林上异禽翔集，众鱼游泳，争噆之，则殳取焉。然龙涎本无香，其气近于臊。白者如百药煎而腻理，黑者亚之，如五灵脂而光泽，能发众香，故多用之以和香焉。”

“噆（cǎn）”是咬的意思，看来林中鸟和水里鱼都喜欢吃龙涎香啊！“腻理”是形容白色的龙涎香纹理细润，这是上品；“五灵脂”指寒号鸟（即复齿鼯鼠）的粪便，用以形容状如凝脂而有光泽的龙涎香，仅次于上品。

李时珍在《本草纲目》中则对以上记述进行了总结性发言：“龙涎，方药鲜用，惟入诸香，云能收脑、麝数十年不散。又言焚之则翠烟浮空。出西南海洋中，云是春间群龙所吐涎沫浮出，番人采得货之，每两千钱。亦有大鱼腹中剖得者。其状初若脂胶，黄白色；干则成块，黄黑色，如百药煎而腻理；久则紫黑，如五灵脂而光泽。其体轻飘，似浮石而腥臊。”

之所以称之为“龙涎”，我们可以联想一下龙和鲸鱼的样子。薛爱华则说：“鲸与龙是很相似的，因为它们都是大海的精灵。”

年代同样在南宋末年的学者张世南所著《游宦纪闻》中记载了龙涎香的另外三个品级：“龙出没于海上，吐出涎沫，有三品：一曰‘泛水’，二曰‘渗沙’，三曰‘鱼食’。泛水，轻浮水面，善水者伺龙出没，随而取之。渗沙，乃被涛浪，飘泊洲屿，凝积多年，风雨浸淫，气味尽渗于沙中。鱼食，乃因龙吐涎，鱼竞食之，复化作粪，散于沙碛，其气腥秽。惟‘泛水’者可入香用，余二者不堪。”

如张世南所说，龙涎香比水轻，因此可以浮在海面上，这就是所谓的“泛水”，这才是真正的上品龙涎香。

有趣的是，苏门答腊岛西北的海面上，还真的有一座“龙涎屿”！跟随郑和四下西洋、担任通事教谕的费信，著有一部游记《星槎胜览》，其中就记载了这个盛产龙涎香的岛屿以及龙涎香惊人的高价：“此屿南立海中，浮艳海面，波击云腾。每至春间，群龙所集于上，交戏而遗涎沫，番人乃架独木舟登此屿，采取而归。设遇风波，则人俱下海，一手附舟傍，一手揖水而至岸也。其龙涎初若脂胶，黑黄色，颇有鱼腥之气，久则成就大泥。或大鱼腹中剖出，若斗大圆珠，亦觉鱼腥，间焚之，其发清香可爱。货于苏门之市，价亦非轻，官秤一两，用彼国金钱十二个，一斤该金钱一百九十二个，准中国铜钱四万九十文，尤其贵也。”

龙涎香既然如此珍贵，造假就是免不了的事了，而且龙涎香造假竟然可以追溯到北宋末年！张知甫在《张氏可书》中记载了备受宋徽宗宠幸的明节皇后的一个故事：“仆见一海贾鬻真龙涎香二钱，云三十万缗可售鬻。时明节皇后许酬以二十万缗，不售，遂命开封府验其真赝。吏问：‘何以为别？’贾曰：‘浮于水则鱼集，熏衣则香不竭。’果如所言。”

鬻（yù），卖；缗（mín），用绳子穿成串的铜钱，每串一千文。二钱龙涎香可值三十万缗，真是贵得令人发指！这位海商提供的检验真假的方法很靠谱：将龙涎香浮在水上，众鱼争相来咬；熏衣服则香气久久不竭。

相比之下，《陈氏香谱》中提供的检验办法就很不靠谱了："真龙涎烧之，置杯水于侧，则烟入水，假者则散。尝试之有验。"龙涎香聚烟，怎么可能燃着燃着突然拐个弯儿钻进水杯之中不再出来？当然，陈敬也是从别人那里得来的道听途说，一笑置之可也。

龙涎香是本书中唯一一种不是从植物身上，而是从动物体内取得的香料。根据古代中国人通过仔细观察从而得出的龙涎香的特点，即聚烟、合香，龙涎香后来就用作定香剂，因挥发缓慢，香气持久，所以在香精和香水中起激发作用，使香气更加浓厚而持久。不过，据说因抹香鲸被过量捕杀，全球每年的贸易量已经锐减到一百千克，价格当然也随之剧增，就不是普通消费者享用得起的了。

本书就以这唯一一种从动物体内取得的香料的传奇故事作结，感谢您的阅读。

吟徵調商竈下桐
松間疑有入松風
仰窺低審含情客
似聽無絃一弄中
臣京謹題
聽琴圖

《听琴图》，传北宋赵佶绘，绢本设色立轴，故宫博物院藏。

赵佶（1082—1135），北宋第八位皇帝，自称教主道君皇帝，号宣和主人。为政昏庸腐朽，艺术造诣与鉴赏力却几乎登峰造极，既是画家、书法家，又是诗人、词人和收藏家，多才多艺。他在位时将艺术的地位提到史上最高，成立了翰林书画院，利用皇权推动绘画艺术的发展。他推崇并参与创作的工笔花鸟画自成"院体"，书法上自创"瘦金体"。史家感叹："宋徽宗诸事皆能，独不能为君耳！"

宋人雅，爱焚香，宋徽宗亦然。《铁围山丛谈》记载，政和四年(1114)，宋徽宗检视内库，"得龙涎香二……多分赐大臣近侍，其模制甚大而质古，外视不大佳。每以一豆火爇之，辄作异花气，芬郁满座，终日略不歇。于是太上大奇之，命籍被赐者，随数多寡，复收取以归中禁，因号曰'古龙涎'"。皇帝赐给大臣东西再追回的事，史上罕见，也未免太小气，由此也可知北宋时期龙涎香的贵重。

这幅名画描绘的是宫廷贵族雅集听琴的场景，是宋代宫廷人物画的代表之作。因有宋徽宗题名与画押，一度被认为是赵佶亲笔，后学者考证，认为是宣和画院的画家描绘徽宗宫中行乐的作品。图中抚琴者道冠玄袍，正是赵佶本人。画面构图简净，设色浑厚。琴桌旁黑色高脚几案上，一只素瓷博山炉正香烟袅袅，如王沂孙《天香·龙涎香》中所吟："一缕萦帘翠影，依稀海天云气。"不知炉中所焚会不会是龙涎香呢?

主要参考文献

[1] 特纳．香料传奇：一部由诱惑衍生的历史[M]. 周子平，译．北京：生活·读书·新知三联书店，2007.
[2] 藤卷正生，等．香料科学[M]. 夏云，译．北京：轻工业出版社，1987.
[3] 圣经，和合本[M].
[4] 徐中舒．甲骨文字典[M]. 成都：四川辞书出版社，2006.
[5] 许慎．说文解字[M]. 北京：中华书局，1995.
[6] 张舜徽．说文解字约注[M]. 武汉：华中师范大学出版社，2009.
[7] 谷衍奎．汉字源流字典[M]. 北京：华夏出版社，2003.
[8] 白川静．常用字解[M]. 苏冰，译．北京：九州出版社，2010.
[9] 涅匹亚．世界探险史：香料、珍宝的探寻[M]. 吕石明，曾广植，赖郁芳，等，编译．台北：自然科学文化事业股份有限公司，1981.
[10] 弗里克，施魏策尔．热带猎奇：十七世纪东印度航海记[M]. 姚楠，钱江，译．北京：海洋出版社，1986.
[11] 劳费尔．中国伊朗编[M]. 林筠因，译．北京：商务印书馆，1964.
[12] 薛爱华．撒马尔罕的金桃：唐代舶来品研究[M]. 吴玉贵，译．北京：社会科学文献出版社，2016.
[13] 欧阳询．艺文类聚[M]. 上海：上海古籍出版社，1982.
[14] 李昉，等．太平御览[M]. 北京：中华书局，1960.
[15] 马持盈．诗经今注今译[M]. 台湾：商务印书馆，1971.
[16] 布鲁斯－米特福德，威尔金森．符号与象征[M]. 周继岚，译．北京：生活·读书·新知三联书店，2014.

[17] 拉尔修．名哲言行录：希汉对照本[M]．徐开来，溥林，译．桂林：广西师范大学出版社，2010.
[18] 希罗多德．希罗多德历史[M]．王以铸，译．北京：商务印书馆，1985.
[19] 法辛．艺术通史[M]．杨凌峰，译．北京：中央编译出版社，2012.
[20] 霍布豪斯．造园的故事[M]．童明，译．北京：清华大学出版社，2013.
[21] 王家葵，等．中药材品种沿革及道地性[M]．北京：中国医药科技出版社，2007.
[22] 李约瑟．中国科学技术史：第5卷 化学及相关技术，第2分册 炼丹术的发现和发明：金丹与长生[M]．周曾雄，等，译．北京：科学出版社，2010.
[23] 欧阳予倩．唐代舞蹈[M]．上海：上海文艺出版社，1980.
[24] 王瑞麟．中药顺歌[M]．郑州：河南科学技术出版社，2013.
[25] 奥维德．变形记[M]．杨周翰，译．北京：人民文学出版社，1984.
[26] 纳训．一千零一夜[M]．北京：人民文学出版社，2003.
[27] 黄普华．植物名称研究专集[M]．北京：中国林业出版社，2011.
[28] 波伊谢特．植物的象征[M]．蒂特迈耶尔，绘；黄明嘉，俞宙明，译．长沙：湖南科学技术出版社，2001.
[29] 耿昇．中法文化交流史[M]．昆明：云南人民出版社，2013.
[30] 裕尔．东域纪程录丛：古代中国闻见录[M]．考迪埃，修订，张绪山，译．北京：中华书局，2008.

[31] 奚密 . 香：文学·历史·生活[M]. 北京：北京大学出版社，2013.
[32] 中国科学院植物研究所系统与进化植物学国家重点实验室 . iPlant.cn 植物智——中国植物＋物种信息系统[EB/OL]. [2022-7-15]. http://www.iplant.cn/.
[33] Smithsonian Libraries and Archives (SLA). Biodiversity Heritage Library[EB/OL].[2022-7-15].https://www.biodiversitylibrary.org/.